Saskia Christ

STUDIENFÜHRER MEDIZIN

Und in fünf Jahren rette ich Menschenleben

Was man wissen muss, bevor man Medizin studiert

Saskia Christ

STUDIENFÜHRER MEDIZIN

Und in fünf Jahren rette ich Menschenleben

Was man wissen muss,
bevor man **Medizin** studiert

Eden
BOOKS

INHALTSVERZEICHNIS

DANKSAGUNG

Ich möchte meinen Eltern Michael und Thea Christ danken, die mir das Medizinstudium ermöglicht und mich auch beim Schreiben dieses Studienführers tatkräftig unterstützt haben. Außerdem danke ich Neil Reape für seine seelische und moralische Unterstützung. Viele Freunde haben mich mit ihren Kommentaren zu einzelnen Abschnitten unterstützt, so danke ich Hubertus Merkle dafür, dass er große Teile des Manuskriptes gelesen und mir seine ehrliche Meinung dazu gesagt hat, Corina Labitzke für das Korrekturlesen des Abschnitts über die Bereitschaftsdienste und Vivianne Frenzel für ihre kritischen Hinweise zum Ablauf des Medizinstudiums in München.

Auch danke ich meiner langjährigen Freundin Lydia Brakebusch dafür, dass Sie den Kontakt zu Franziska Kluen hergestellt und mir damit die Möglichkeit eröffnet hat, diesen Studienführer zu schreiben. Ich möchte meiner Lektorin Susanne Röltgen für ihre Arbeit an diesem Manuskript danken, ihre aufmunternden Worte und kleinen Hilfestellungen waren mir eine große Motivation!

Nicht unerwähnt bleiben sollen auch meine Freundinnen Annika Hinze, Simone Reuß und Diana Anton, die sich immer nach dem Fortgang meiner Arbeit erkundigt und meine schier endlosen Vorträge zu den einzelnen Kapiteln willig angehört haben.

1
EINLEITUNG

Das Schöne an einem Medizinstudium ist, dass sich jeder etwas darunter vorstellen kann. Man muss nachts um drei auf der Geburtstagsparty des Nachbarn[1] nicht erst noch Aufklärungsarbeit über Studiengangsinhalte leisten und erklären, was man hinterher damit eigentlich machen will. Auch der nervige Bruder Deines Nachbarn kann nach sieben Bier noch nachvollziehen, dass Du Medizin studierst und dann irgendwann mal Arzt sein wirst. Die Wahrscheinlichkeit ist zudem hoch, dass der Bruder Deines Nachbarn Dir dann ausufernd erzählen wird, dass die Freundin der Schwester seines Mitbewohners ja auch mal Medizin studiert hat und das wahlweise »voll schwer« oder »voll langweilig« fand, aber schließlich aus irgendwelchen obskuren Gründen (Pflasterallergie, Internetbekanntschaft aus Nicaragua oder Angst vor Bettlaken) das Studium abbrechen musste. Oder – die noch viel schlimmere Variante – er meint, Dich um Deine Meinung zu seinem eingewachsenen Zehennagel bitten zu müssen (visuelle Demonstration mit eingeschlossen). Dies ist der Punkt, an dem Du ernsthaft in Erwägung ziehen wirst, das nächste Mal auf die Frage nach Deinem Studienfach mit »Vergleichende Textilwissenschaft, kulturgeschichtlich« zu antworten.

Dieser Studienführer soll Dir einen Einblick in das Medizinstudium ermöglichen und mit den gängigen Klischees, die man über das Medizinstudium hört, endgültig aufräumen oder diese gegebenenfalls voll bestätigen. Nach der Lektüre dieses Buches

1 Aus Gründen der besseren Lesbarkeit des Textes wird auf die zusätzliche Nennung der weiblichen Form verzichtet.

solltest Du eine ziemlich gute Vorstellung davon haben, was alles auf Dich zukommen kann. Außerdem möchte ich versuchen, Dir ein paar praktische Tipps zu geben, damit Du die allergrößten Klippen auf dem Weg zum Halbgott in Weiß gekonnt zu umschiffen weißt.

2
DAS STUDIENFACH MEDIZIN

Das Medizinstudium ist seit Jahren ungebrochen eines der begehrtesten Studienfächer. Für das Wintersemester 2012/2013 bewarben sich laut der Stiftung für Hochschulzulassung 42.726 Interessenten auf 8.989 Studienplätze im Fach Medizin.[2] Das heißt, dass es 4,8 Bewerber um einen Studienplatz gab. Wenn man sich vor Augen hält, dass jeder einzelne Medizinstudent den Staat bis zum Ende seiner Ausbildung etwa 200.000 Euro kostet,[3] so erklärt sich vielleicht, warum die Anzahl der Medizinstudienplätze nicht einfach innerhalb kurzer Zeit beliebig erhöht werden kann, schließlich braucht es für die Ausbildung eines jeden einzelnen Mediziners eine Unmenge an Ressourcen. Unter diesem Gesichtspunkt betrachtet ist die Abwanderung deutscher Ärzte ins Ausland für das System natürlich fatal, weil sich die Investition des Staates in diesen Arzt ja überhaupt nicht gelohnt hat.

Tatsächlich ist es so, dass die Wahrscheinlichkeit, nach Abschluss des Studiums in Deutschland eine Stelle zu bekommen, extrem hoch ist. Deutschland gehen die Ärzte aus. Die Ärzteschaft wird immer älter, doch es kommen nicht genügend junge Ärzte nach. Noch vor einigen Jahren sah dies ganz anders aus. Als ich 1999 mein Studium aufnahm, war noch von einer »Ärzteschwemme« die Rede. Es wurde eher vom Medizinstudium abgeraten mit dem

2 Quelle: www.hochschulstart.de/fileadmin/downloads/NC/WiSe2012_13/BEW_Medizin_WS_2012 _13.pdf (abgerufen 12. Dezember 2013)

3 Quelle: www.deutsche-eliteakademie.de/load.php?name=News&file=article&sid=234 (abgerufen 12. Dezember 2013)

Hinweis, man würde hinterher ja eh keine Stelle bekommen. Dementsprechend war es auch etwas einfacher, einen Studienplatz zu ergattern, da die Gesamtzahl der Studienplatzbewerber wesentlich niedriger lag. Mit dem nun vielzitierten Ärztemangel nahm auch das Interesse am Medizinstudium wieder zu, sodass man heute ein ungleich besseres Abitur benötigt, um sich den Traum vom Medizinstudium erfüllen zu können. Es ist jedoch ein Trugschluss anzunehmen, dass jeder frisch approbierte Arzt sofort an seiner Wunschklinik eine (am besten noch übertariflich bezahlte) Stelle bekommt. Gerade in den Ballungsgebieten und Universitätsstädten kann es für Berufsanfänger auch heute noch schwierig sein, eine Stelle als Assistenzarzt zu finden. Dies liegt zum einen daran, dass es aufgrund der oftmals angeschlagenen Finanzlage vieler Kliniken immer wieder zu Einstellungsstopps kommt. Auch muss eine Abteilung relativ viel Zeit und Ressourcen in einen Berufsanfänger investieren, sodass möglicherweise eher der Bewerber mit ein bis zwei Jahren Berufserfahrung den Zuschlag erhält. Ganz anders verhält es sich, je weiter man sich von den Großstädten entfernt. In ländlichen Gebieten ist die Not groß, vorhandene Stellen können aus Mangel an Bewerbern zum Teil über Monate hinweg nicht besetzt werden und die noch vorhandene Belegschaft muss den Ausfall eines oder mehrerer Assistenzärzte kompensieren, was die Arbeitszufriedenheit sicherlich nicht erhöht. Hier wird jeder Berufsanfänger mit offenen Armen empfangen und kann sich oftmals über sehr gute Ausbildungsbedingungen freuen.

2.1
WIE SCHWER IST EIN MEDIZINSTUDIUM?

Das Medizinstudium hat den Ruf, sehr lernintensiv zu sein. Dementsprechend gilt es auch als besonders schwer. Wenn Du Medizin studierst, wirst Du die Frage, ob das Studium nicht viel schwerer sei als andere Studienfächer, häufig hören. Ich habe daraufhin immer wahrheitsgemäß geantwortet: »Ich weiß es nicht. Ich habe ja nie etwas anderes studiert.« Ob Du das Studium als schwer empfindest, hat sicherlich auch etwas mit Deinen persönlichen Neigungen zu tun. Wenn Du Dich für ein Fach interessierst, wirst Du es wahrscheinlich als nicht übermäßig schwer empfinden, dieses Fach zu studieren, denn Dinge, die man interessant findet, merkt man sich einfach leichter. Mir erzählte eine Dozentin am Anfang meines Studiums, dass sie sich während des Studiums zwei Semester freigenommen hatte, um etwas anderes zu studieren. Sie schrieb sich für Germanistik ein und empfand das Germanistikstudium als viel schwieriger. Das Medizinstudium, so sagte sie, verlange schließlich nicht sonderlich viel eigenständige Denkleistung, sondern lediglich die Fähigkeit, gut auswendig lernen zu können. Selbstverständlich basiert ein Medizinstudium nicht nur auf sturer Auswendiglernerei. Ein gewisses Verständnis für Naturwissenschaften macht Dir das Studium deutlich leichter. Aber man kann nicht abstreiten, dass es doch noch recht viel auswendig zu lernen gibt. Wenn Du also zu denen gehörst, die relativ viel Stoff in kurzer Zeit abspeichern können, wird Dir das Medizinstudium keine Schwierigkeiten bereiten.

Du musst auf jeden Fall davon ausgehen, dass der Lernaufwand alles, was Du bisher aus der Schule kennst, deutlich übersteigt. Für die großen Prüfungen kannst Du gut vier bis sechs Monate einrechnen, die Du von früh bis spät in der Bibliothek oder an Deinem Schreibtisch verbringen wirst. Ich erinnere mich noch gut an meine allererste Woche im Studium. Am Ende der Woche hatte ich das Gefühl, noch nie in meinem Leben so viel in so kurzer Zeit gelernt zu haben. Ich dachte, ich müsse doch jetzt bereits den gesamten Inhalt des Medizinstudiums verinnerlicht haben. Gleichzeitig wurde mir etwas mulmig bei dem Gedanken, dass das jetzt noch fünf Jahre so weitergehen könnte. Schnell stellte ich allerdings fest: man gewöhnt sich an alles, auch an das permanent schlechte Gewissen, wenn der erste Enthusiasmus und Lerneifer nachgelassen haben. Und nachdem die Grundlagen erst einmal geschaffen waren, fiel es mir deutlich leichter, den neuen Stoff gedanklich einzusortieren, sodass das Lernen einer bestimmten Stoffmenge plötzlich viel schneller ging. Wenn Du ein klein wenig organisiert bist, so bleibt auch noch genug Zeit zum Feiern, Urlaub machen und nebenher Arbeiten.

Früher war in Deutschland das Latinum noch eine Voraussetzung, um zum Medizinstudium zugelassen zu werden. Dieser Zwang besteht bereits seit den Siebzigerjahren nicht mehr.[4] Trotzdem wirst Du Dich mit Lateinkenntnissen leichter tun und auch Deinen Lernaufwand ein wenig verringern können, wenn Du Dich nicht erst mühsam in die Terminologie einarbeiten musst. Ich kenne aber genug Mediziner, die in der Schule nicht eine Silbe Latein gelernt haben und sich trotzdem im Studium nicht sonderlich schwertaten.

---

4 Quelle: medizingeschichte.charite.de/fileadmin/user_upload/microsites/m_cc01/medizingeschichte/kopfbilder/Terminologie-Skript-inkl-Uebungen-Aufl10.pdf (abgerufen 12. Dezember 2013)

Zusammenfassend lässt sich sagen, dass Du Dich auf keinen Fall aufgrund des antizipierten Lernaufwandes vom Medizinstudium abschrecken lassen solltest. Auch ich habe vorher die schlimmsten Geschichten über Studenten mit Burn-out und nächtelangen Lernmarathons gehört (meist von Leuten, die noch nie auch nur einen Fuß in die Medizinische Fakultät gesetzt haben). Rückblickend kann ich sagen, dass sich davon nichts bewahrheitet hat. Auch kenne ich nicht viele Studenten, die das Studium abgebrochen haben, weil es ihnen zu schwer war. Wenn Du also Medizin studieren möchtest, lass Dir nicht einreden, dass das zu schwer sei. Ich kenne eine alleinerziehende Mutter von sechs Kindern, die ihr Studium in der Regelstudienzeit durchgezogen hat – was also hält Dich davon ab?

ÄLTERE MEDIZINSTUDENTEN

Vielleicht kommst Du aber nicht direkt von der Schule zum Studium, sondern hast schon mal etwas anderes studiert oder sogar in einem anderen Beruf gearbeitet. Vielleicht bist Du schon über dreißig oder gar über vierzig und es ereilt Dich der Wunsch, Medizin zu studieren.

Aus einer Studie der AG Hochschulforschung der Universität Konstanz[5] geht hervor, dass das Durchschnittsalter der Medizinstudierenden im Wintersemester 2009/2010 bei Männern bei 24,6 Jahren und bei Frauen bei 23,3 Jahren lag. Durch die Verkürzung der Gymnasialzeit und den Wegfall der Wehrpflicht mag dieses Durchschnittsalter in den kommenden Jahren noch ein wenig sinken. Gleichzeitig hatten 19 Prozent der Studierenden

5 Quelle: www.dgou.de/pdf/tt_20110524_medizinbericht_gesamt.pdf (abgerufen 12. Dezember 2013)

eine berufliche Ausbildung absolviert. Einer Berufstätigkeit nach Erwerb der Hochschulreife sind immerhin 18 Prozent nachgegangen. Prinzipiell gibt es keinen guten Grund, warum Du mit vierzig Jahren nicht noch Medizin studieren solltest. Die große Unikarriere wird Dir dann wahrscheinlich nicht mehr offenstehen, aber die ist schließlich auch nicht für jeden das Ziel. Wenn Du mit Mitte vierzig Dein Studium abschließt, kannst Du immerhin noch gut zwanzig Jahre in dem Beruf arbeiten. Das sollten vor allem diejenigen nicht vergessen, die meinen, ältere Medizinstudenten würden das Studium nur als Hobby betreiben und nähmen den jüngeren möglicherweise einen Studienplatz weg. Von solchen Kommentaren solltest Du Dich nicht verunsichern lassen. Du solltest Dir allerdings überlegen, ob Du die finanziellen Einbußen, die die Aufnahme des Studiums zwangsläufig mit sich bringt, verkraften kannst und ob es Deine private Situation zulässt, das umfangreiche Lernpensum in Ruhe zu bewältigen. Wenn Du diese Fragen für Dich mit Ja beantworten kannst, dann steht einem Studium der Medizin auch mit über dreißig oder vierzig nichts im Weg.

2.2 VORAUSSETZUNGEN FÜRS MEDIZINSTUDIUM

Um das Medizinstudium zügig beginnen zu können, braucht es eine möglichst gute allgemeine Hochschulreife. Eine Eins vor dem Komma wäre für den sofortigen Studienbeginn wünschenswert.

Während die Studienplatzvergabe vor zehn Jahren noch recht übersichtlich war (man bewarb sich einfach mit seinem Abiturzeugnis bei der Zentralen Vergabestelle für Studienplätze (ZVS) und hoffte auf das Beste), so ist das Verfahren heutzutage ungleich komplizierter. Die ZVS heißt jetzt »Stiftung für Hochschulzulassung«. Über die Abiturnote werden direkt zwanzig Prozent der Bewerber zum Studium zugelassen. Über die Wartezeitquote können nochmals zwanzig Prozent einen Studienplatz erreichen und sechzig Prozent der Studienplätze werden über das Auswahlverfahren der Hochschulen (AdH) verteilt. Jetzt wird es wild, denn hier kocht jede Hochschule ihr eigenes Süppchen und die Anforderungen sind von Uni zu Uni zum Teil sehr unterschiedlich. Die Abiturnote spielt auch hier eine große Rolle, allerdings werden auch noch weitere Faktoren miteinbezogen. Einige Universitäten bewerten bestimmte Einzelnoten des Abiturzeugnisses, andere berücksichtigen eine vorherige Berufsausbildung. Manche Universitäten setzen auf Auswahlgespräche und das Ergebnis eines fachspezifischen Studierfähigkeitstests (allerdings gibt es hier nicht einen einheitlichen Test für alle Bewerber, das wäre ja auch zu einfach). Es empfiehlt sich daher, sich schon lange vor Ablauf der Bewerbungsfristen bei **www.hochschulstart.de** über die Auswahlkriterien der Wunschuniversität zu informieren. Eine Liste der Universitäten, die das Medizinstudium anbieten, findest Du in Kapitel 13 *Weiterführende Informationen*.

MEDIZINERTEST

Einige Universitäten verlangen für das Auswahlverfahren der Hochschulen einen sogenannten »Medizinertest«. Dieser ist allerdings nur für Bewerber relevant, die durch das AdH gehen. Solltest Du also einen Studienplatz direkt über die Abiturnote an Deiner Wunschuni erhalten, brauchst Du den Test nicht zu machen. Die Teilnahme ist prinzipiell freiwillig.

Ein oft angewandter Test ist der **TEST FÜR MEDIZINISCHE STUDIENGÄNGE (TMS).** Es wird kein Fachwissen geprüft, sondern lediglich das Verständnis für medizinische und naturwissenschaftliche Problemstellungen. Er wird derzeit von den Medizinischen Fakultäten der Universitäten in Bochum, Erlangen-Nürnberg, Freiburg, Halle (Saale), Heidelberg, Heidelberg-Mannheim, Leipzig, Lübeck, Mainz, München, Oldenburg, Regensburg, Tübingen, Ulm und Würzburg verwendet.

Ein anderer Test ist der **HAM-NAT.** Hierbei handelt es sich um einen Multiple-Choice-Test, der Schulwissen in naturwissenschaftlichen Fächern prüft. Dieser wird derzeit von den Medizinischen Fakultäten der Universitäten in Hamburg, Magdeburg und Berlin verlangt.

Es lohnt sich, einen Blick auf die Probeaufgaben auf die Seite **www.tms-info.org** und die universitätsinternen Seiten zum HAM-Nat[6] zu werfen, um zu erfahren, was man zu erwarten hat.

---

6 Quellen: www.uke.de/studierende/index_64481.php; www.med. uni-magdeburg.de/sdkAuswahlverfahren_zvs.html; www.charite.de/fileadmin/user_upload/portal/studium/bewerbung/FAQ_zum_HAM Nat.pdf (abgerufen 12. Dezember 2013)

2.3
DEINE MOTIVATION

GUTE GRÜNDE FÜR EIN MEDIZINSTUDIUM

Wenn Du Dich mit dem Gedanken an ein Medizinstudium trägst, solltest Du folgende Voraussetzungen mitbringen:

Du magst Menschen

Klingt banal, ist es eigentlich auch. Als zukünftiger Mediziner wirst Du viel Kontakt mit Menschen haben. Du musst mit ihnen reden, Du musst sie anfassen, Du musst ihnen zuhören können. Nicht jeder Deiner zukünftigen Patienten ist jung, dynamisch und gutaussehend. Solltest Du nicht gerade in der Kinderheilkunde landen, so ist ein nicht zu vernachlässigender Teil Deiner Patienten alt, oft auch dement und nicht selten eine Herausforderung für alle Sinnesorgane. Selbst in Fachrichtungen wie Chirurgie und Anästhesiologie, wo man oft mit schlafenden Patienten zu tun hat, kommt man um ein Mindestmaß an Kommunikation und Empathie nicht herum.

Du hast kein Problem damit, Dein Leben lang zu lernen

Der Ausdruck »lebenslanges Lernen« mag etwas abgegriffen klingen, aber Du wirst ihn während Deines Medizinstudiums und danach noch oft hören. Natürlich bringt jeder Beruf es mit sich, dass man sich weiterbilden muss, aber in keinem Bereich ist es so offensichtlich und unvermeidlich wie in der Medizin. Allein aus Deiner Verantwortung den Patienten gegenüber wird von Dir erwartet, dass Du Dich regelmäßig weiterbildest und auch nach dreißig Jahren noch up to date bist. Die Medizin wandelt sich schnell, was Du vor fünf Jahren noch als Standardtherapie gelernt hast, kann heute schon völlig veraltet sein. Natürlich musst Du als Augenarzt nicht die aktuelle Operationsmethode für den gebrochenen Unterschenkel kennen, aber Dein Fach solltest Du schon beherrschen. Dies ist nicht nur ein innerer Zwang, sondern auch ein äußerer. Wenn Du gerade den Prüfungsmarathon am Ende des Studiums hinter Dich gebracht hast, geht es nämlich auch schon wieder von vorne los. Du beginnst Deine Facharztausbildung und musst Dich da erst einmal richtig einarbeiten. Wenn Du den ganzen Anforderungskatalog abgearbeitet hast, kommt die Facharztprüfung auf Dich zu. Für die darfst Du noch einmal richtig ranklotzen – und das neben Deiner Vollzeitstelle. Wenn Du die Facharztprüfung dann endlich hinter Dich gebracht hast, bereitest Du Dich bestimmt auf irgendeine Zusatzbezeichnung vor und das Spiel geht wieder von vorne los. Bis Du dann mal alle Prüfungen hinter Dich gebracht hast, bist Du fast in Rente. Aber eines kann ich Dir zur Beruhigung versichern: Man gewöhnt sich dran. Irgendwann nimmst Du es einfach als gegeben hin, dass Du andauernd irgendein Fachbuch mit Dir herumschleppst oder in regelmäßigen Zeitabständen für die nächste Prüfung lernst. Nichtsdestotrotz ist eine gewisse Leidensfähigkeit sehr hilfreich.

Du kommst gut mit Hierarchien klar

Wenn Du Dein Studium beendet hast, wirst Du erst einmal einige Zeit im Krankenhaus arbeiten müssen. Hier wirst Du ein streng hierarchisches System erleben. Es gibt einen Chef, ein paar Oberärzte, Fachärzte, erfahrene und nicht so erfahrene Weiterbildungsassistenten und Dich. Je weiter unten Du in dieser Hierarchie stehst, desto schmaler ist Dein Entscheidungsspielraum. Du wirst lange Zeit keine relevanten Therapieentscheidungen treffen und selbst wenn Du mal so weit bist, eigene Entscheidungen treffen zu können, so ist der Rahmen, in dem Du Entscheidungen treffen kannst, doch sehr genau vorgegeben. Du solltest also in einem gewissen Maße in der Lage sein, Dich unterordnen zu können, wenn Du nicht permanent anecken willst.

Du denkst, Schlaf sei überbewertet

Das ist eine absolute Grundvoraussetzung! Bereits während Deiner ersten Praktika im Studium wird Dir leider auffallen, dass der Arbeitstag in der Medizin verdammt früh anfängt. Stell Dich schon mal darauf ein, dass Dein Arbeitstag in der Regel zwischen sieben und acht Uhr beginnt – und das für die nächsten vierzig Jahre! Die Hoffnung, dass Du dementsprechend früher nach Hause gehen kannst, erfüllt sich leider meist auch nicht. Hinzu kommen später noch die Nachtdienste. Hier kannst Du durch geschickte Fachwahl noch einiges steuern – wenn Du zum Beispiel in der Dermatologie arbeitest, sollten sich nächtliche Ruhestörungen in Grenzen halten. In der Regel wirst Du jedoch mehrmals aus dem Schlaf gerissen, um Notfallpatienten zu sehen.

Spontaneität ist für Dich ein Fremdwort

Ist es das noch nicht, so wird es das bald werden! Deine Freunde wollen am Sonntag eine Bergtour machen? Du hast garantiert Dienst oder bist Zustand nach Dienst, das heißt, Du bist zu nichts zu gebrauchen. Dein Yogastudio bietet im Herbst einen Retreat im Schwarzwald an? Der wird ohne Dich stattfinden, denn Du musstest Deinen kompletten Jahresurlaub schon ein Jahr zuvor planen und leider hast Du nicht Ende, sondern Anfang Oktober die Woche frei, die Du jetzt gut gebrauchen könntest. Tauschen geht nicht, denn Deine Wunschwoche liegt in den Herbstferien und die haben sich schon die Kollegen mit Familie reserviert. Das mag von Abteilung zu Abteilung leicht variieren, aber Du kannst generell davon ausgehen, dass Deine Arbeits- und Urlaubszeiten zu einer ernsthaften Belastungsprobe für Deine Beziehung werden. Vom Schichtdienst ganz zu schweigen.

Sollten Dich all diese Punkte noch nicht abgeschreckt haben, so bist Du auf dem richtigen Weg. Und eins ist vor allen Dingen ganz wichtig: man wächst da rein. Es ist natürlich gut, sich diese Punkte vor Augen zu führen, aber wenn Du Freude am Medizinstudium und dann an der Arbeit als Arzt hast, so fallen diese Dinge gar nicht mehr so ins Gewicht. Im Gegensatz dazu gibt aber auch ein paar ganz schlechte Gründe für die Aufnahme des Medizinstudiums und es nur fair, auch diese einmal anzusprechen.

WENIGER GUTE GRÜNDE FÜR EIN MEDIZINSTUDIUM

Du weißt nicht, was Du sonst mit Deinem 1,0-Abitur machen sollst

Lass es. Es gibt viele Abiturienten, die gern Medizin studieren würden und nicht den Abischnitt dazu haben. Und wenn Du dann nach drei Semestern abbrichst, um doch Kunstgeschichte zu studieren, was Du ja eigentlich machen wolltest, Dich aber nicht getraut hast, weil Dir Freunde und Familie gesagt haben, mit so einem Abi musst Du einfach Medizin studieren, ja, dann ist auch keinem geholfen. Also setz Dich durch und studiere gleich Kunstgeschichte oder Vergleichende Textilwissenschaft, kulturgeschichtlich.

Du denkst, dass Dir ein weißer Kittel gut stehen würde

Dazu ist Folgendes zu sagen: Du trägst ihn eh nicht lange. Ich habe schon seit Jahren keinen mehr getragen. Wenn es irgendwie geht, steigst Du ganz schnell auf ein kürzeres Modell um oder Du verzichtest gleich ganz darauf, denn Kittel sind verdammt unpraktisch. Dauernd bleibst Du damit irgendwo hängen und wenn Du ihn schließt, dann brauchst Du garantiert irgendwas aus dem Kasack, den Du darunter trägst. Und für die Mädels: Wenn Ihr glaubt, dass Euch mit Kittel und Stethoskop um den Hals die Patienten endlich nicht mehr mit »Schwester« anreden, so irrt Ihr. Als Frau bleibst Du immer die Schwester, auch wenn Du ein Namensschild trägst und Dich mit: »Guten Tag, ich bin die Stationsärztin« vorstellst.

Irgendwer muss schließlich Papas Praxis übernehmen

Natürlich spricht überhaupt nichts dagegen, Medizin zu studieren, wenn Deine Eltern auch Ärzte sind. Es kann sein, dass Du schon während Deines Studiums nichts lieber machen möchtest, als wie Papa Augenarzt zu werden und mit ihm in seiner Praxis zu arbeiten. Aber was, wenn Du nach zwei Semestern merkst, dass Du mit Augen so gar nichts anfangen kannst und lieber Orthopäde werden möchtest? In vielen Familien mag das kein Problem sein, Du solltest diese Konstellation jedoch vor Deinem Studium einmal ansprechen, um falsche Erwartungen zu vermeiden. Noch schlimmer ist es, wenn Du eigentlich gar nicht Medizin studieren willst und es nur Deinen Eltern zuliebe tust, weil sie sich nichts sehnlicher wünschen, als dass Du die Praxis übernimmst. Nur weil Deine Eltern Mediziner sind, musst Du aber noch lange nicht den gleichen Wunsch haben. Du darfst auch Metzger werden, wenn Du das möchtest.

Wenn Du all diese Dinge zumindest einmal angedacht hast und jetzt noch immer der Meinung bist, dass das Medizinstudium das Richtige für Dich ist, dann lass Dich nicht davon abbringen! Auch wenn Du kein Spitzenabitur hast, wird sich der Traum vom Medizinstudium irgendwann erfüllen. Ich kenne viele, die über die Wartezeit einen Studienplatz bekommen haben. Was aber gibt es überhaupt für Möglichkeiten, wenn es nicht im ersten Anlauf mit dem Medizinstudium klappt?

2.4
WENN ES MIT DEM STUDIENPLATZ NICHT GLEICH WAS WIRD

Eine Möglichkeit, die Wartezeit sinnvoll zu nutzen, ist eine berufliche Ausbildung. Denn als Wartezeit gilt nur die Zeit, in der Du nicht an einer deutschen Universität eingeschrieben bist. Eine Ausbildung kannst Du Dir anrechnen lassen und sie kann Deine Chancen im AdH erhöhen. Die folgenden Ausbildungsberufe sind besonders geeignet, um die Wartezeit sinnvoll zu nutzen.

KRANKENSCHWESTER/KRANKENPFLEGER

Der Klassiker – eine Ausbildung zur Krankenschwester oder zum Krankenpfleger. Hier kannst Du schon mal in sämtliche Fachrichtungen hineinschnuppern und bereits wichtige Grundlagen für Dein Medizinstudium lernen. Selbst wenn es im Anschluss an Deine Ausbildung nicht sofort mit einem Studienplatz klappt, so kannst Du in dem Beruf problemlos noch eine Weile arbeiten. Praktisch ist außerdem, dass Du für Dein Studium kein Krankenpflegepraktikum mehr machen musst. Auch hast Du schon einen guten Nebenjob für die Zeit des Studiums gefunden. Viele ehemalige Krankenschwestern und Krankenpfleger sagten mir allerdings, dass ihnen das Wissen, das sie in der Krankenpflegeausbildung vermittelt bekommen haben, für das Studium nicht so viel gebracht hat. Hilfreicher sei die Tatsache gewesen, dass man schon viele verschiedene Krankheitsbilder gesehen habe. Für die Arbeit später auf Station ist es außerdem sehr vorteilhaft, wenn man beide Seiten kennt –

in gewisse Fallen wirst Du dann als junger Student sicher nicht mehr tappen (siehe Kapitel 4.3 *Zusammenarbeit mit dem Pflegepersonal*).

PHYSIOTHERAPEUT

Ich kenne nicht viele Physiotherapeuten, die später noch Medizin studiert haben. Das mag daran liegen, dass viele ihre Ausbildung an privaten Schulen gemacht haben und somit selbst bezahlen mussten. Da sinkt die Motivation dann doch sehr, nach dieser Ausbildung noch ein Studium anzuhängen. Möglich ist es natürlich und vor allem die Grundlagen in den Fächern Anatomie und Physiologie, die während der Ausbildung geschaffen wurden, sind für ein Medizinstudium eine ausgezeichnete Basis.

RETTUNGSSANITÄTER/RETTUNGSASSISTENT

Die 520 Stunden dauernde Ausbildung zum Rettungssanitäter beziehungsweise die zweijährige Ausbildung zum Rettungsassistenten sind recht beliebt zur Zeitüberbrückung. Vor allem, da es zurzeit eher schwierig ist, eine Anstellung als Rettungsassistent zu finden, stellt sich für viele nach Beendigung der Ausbildung oft die Frage, was sie jetzt tun sollen – warum also nicht noch Medizin studieren? Auch eignet sich die Ausbildung sehr gut, um neben dem Studium Geld zu verdienen. Den Benefit der Ausbildung für das Studium würde ich jedoch nicht als so hoch einschätzen, dafür ist das Berufsfeld zu eng begrenzt. Wenn Du jedoch jetzt schon Interesse an der Notfallmedizin haben solltest, dann ist eine solche Ausbildung sicher sehr interessant für Dich – und Gold wert, wenn Du später als Notarzt arbeiten möchtest. Ich selbst denke mir oft im Notarztdienst, dass es schon praktisch wäre, wenn man die Trage auch selbst bedienen könnte oder wenigstens wüsste, wie dieser Funkverkehr eigentlich funktioniert.

Natürlich gibt es auch noch viele andere Ausbildungsberufe im medizinischen Bereich, sei es Medizinisch-Technischer Assistent (MTA), Röntgenassistent (RTA) oder Arzthelfer. Während Deines Studiums wirst Du aber wahrscheinlich am häufigsten auf Absolventen der Krankenpflegeausbildung oder das Rettungspersonal treffen. Natürlich spricht auch überhaupt nichts dagegen, sich während der Wartezeit als Stewardess oder zum Elektriker ausbilden zu lassen – im medizinischen Bereich arbeitest Du dann ja schließlich noch lange genug. Eventuell ist eine Ausbildung in einem medizinischen Fach jedoch für das AdH vorteilhaft – so musst Du zumindest den Damen und Herren Professoren nicht erst umständlich erklären, was jetzt Deinen plötzlichen Sinneswandel von der Floristik zur Medizin bewirkt hat. Die Aussage »Ich wollte schon immer etwas Medizinisches machen« klingt dann doch etwas glaubwürdiger.

STUDIUM IM AUSLAND

Du willst unbedingt sofort studieren, Dein Abi reicht dafür aber bei Weitem nicht aus? Dann hast Du noch immer die Möglichkeit, ein Studium im Ausland anzustreben. Wenn Du über entsprechende finanzielle Ressourcen verfügst, steht Deinem zügigen Studienbeginn nicht viel im Weg. Aber wo genau lässt sich dieser Wunsch verwirklichen?

Prinzipiell kannst Du natürlich mit Deinem deutschen Abitur überall in Europa Medizin studieren. Die Hürden zur Zulassung sind mal mehr, mal weniger hoch und die Studiengebühren mal mehr, mal weniger erschwinglich. Der limitierende Faktor werden hier wohl am ehesten Deine Sprachkenntnisse sein. Glücklicherweise gibt es auch im Ausland Universitäten, die ein Medizinstudium auf Deutsch anbieten.

Österreich

Das Nachbarland ist sicherlich der begehrteste Studienort außerhalb Deutschlands. Das mag vor allem an zwei Dingen liegen: zum einen brauchst Du Dir weder an der Uni noch auf der Straße Gedanken über Deine Sprachkenntnisse machen und zum anderen ist das Studium kostenfrei. Ein Medizinstudium wird an vier Standorten angeboten: es gibt die Medizinische Universität Wien, die Medizinische Universität Graz, die Medizinische Universität Innsbruck und die Paracelsus Medizinische Privatuniversität Salzburg. Es ist kein Geheimnis, dass die Österreicher dem jahrelangen Ansturm deutscher Medizinstudenten eher kritisch gegenüberstehen. Aus österreichischer Sicht ist das zu verstehen, besteht doch die berechtigte Sorge, dass die ausgebildeten Ärzte dem österreichischen Markt nicht zur Verfügung stehen, sondern nach Beendigung der Ausbildung wieder nach Deutschland wechseln. Daher wurde 2002 gesetzlich festgelegt, die vorhandenen Studienplätze nach unterschiedlichen Quoten zu vergeben.[7] Die Studienplätze werden in drei Kontingente eingeteilt: 75 Prozent der Studienplätze gehen an Bewerber, die ihr Abitur in Österreich gemacht haben.

---

7 Quelle: Österreichisches Universitätsgesetz

Zwanzig Prozent der Studienplätze gehen an EU-Bürger, die ihr Abitur in oder außerhalb der EU erworben haben (darunter fallen also deutsche Abiturienten). Die letzten fünf Prozent gehen an Drittstaatenangehörige.

Bevor Du Dich schon in einer schicken Fünfer-WG in der Wiener Altstadt wähnst, solltest Du Dir klarmachen, dass Österreich insgesamt relativ klein ist. Dementsprechend gibt es auch nicht so viele Medizinstudienplätze. Nach Auskunft der MedAT-Webseite der Medizinischen Universität Wien, die alle relevanten Informationen zum Aufnahmeverfahren eines Medizinstudiums an den Medizinischen Universitäten Graz, Innsbruck oder Wien bereithält, gibt es für das Studienjahr 2013/2014 in Österreich 1.356 Studienplätze für Medizin.[8] Für deutsche Abiturienten bleiben davon noch 271 Studienplätze übrig. Deine Abiturnote ist hierfür allerdings nicht relevant, Du musst nur das Abitur haben. Ausgewählt werden die neuen Medizinstudenten anhand ihres Abschneidens im österreichischen Medizinertest. Der bisher durchgeführte Eignungstest für das Medizinstudium (EMS) wurde im Juli 2013 von einem neuen Testverfahren für Humanmediziner mit der Bezeichnung medAT-H abgelöst. Diese Prüfung wird zeitgleich an den Universitäten Graz, Innsbruck und Wien durchgeführt.

▶ **www.medat.at**

Finanziell gesehen kommt man mit einem Medizinstudium an einer der drei staatlichen Universitäten dafür recht glimpflich davon. Nachdem die Studiengebühren 2009 wieder abgeschafft wurden, schlägt lediglich ein sehr kleiner Beitrag zur Österreichischen

8 Quelle: www.medizinstudieren.at (abgerufen 12. Dezember 2013)

Hochschülerschaft zu Buche, sofern man die Regelstudienzeit nicht um mehr als zwei Semester überschreitet.

Wer über das nötige Kleingeld verfügt, kann an der privaten Paracelsus Universität in Salzburg studieren. Für das Studienjahr 2013 beträgt die jährliche Studiengebühr 13.500 Euro. Das Auswahlverfahren besteht aus einem dreistufigen System aus Bewerbungsschreiben, schriftlichem Test und einem Bewerbungsgespräch. Es gibt hier allerdings nur fünfzig Studienplätze pro Jahr, sodass die Wahrscheinlichkeit, einen Studienplatz zu bekommen, trotz der hohen Studiengebühren eher gering ist.[9]

Ungarn

In Ungarn lässt es sich an drei Universitäten auf Deutsch studieren: an der Semmelweis Universität in Budapest, der Universität Pécs und der Universität Szeged. Ein Studium in Ungarn ist nichts für den schmalen Geldbeutel. Hier liegt die jährlich zu berappende Summe ähnlich der Größenordnung der Paracelsus Privatuniversität in Salzburg. Wahrscheinlich auch deshalb wechselt ein Großteil der Studenten nach bestandenem Physikum zurück nach Deutschland – oder auch, weil im klinischen Abschnitt von den Studenten erwartet wird, zumindest genug Kenntnisse der ungarischen Sprache zu haben, um sich mit den Patienten unterhalten zu können. Eine Aufnahmeprüfung gibt es nicht. Die Auswahl erfolgt beispielsweise an der Semmelweis Universität aufgrund der Abiturnote. Zudem werden Bewerber mit naturwissenschaftlichen Leistungskursen oder solche, die ein naturwissenschaftliches Fach bereits studiert oder naturwissenschaftliche Fächer im Rahmen

9 Die Paracelsus Privatuniversität beabsichtigt die Gründung eines zweiten Standorts am Klinikum Nürnberg. Hier soll es im Herbst 2014 mit dem Medizinstudium losgehen. Quelle: www.pmu.ac.at/studium/humanmedizin/studium-in-nuernberg.html (abgerufen 12. Dezember 2013)

von Vorbereitungskursen absolviert haben (hier wird ein kostenpflichtiges Vorbereitungsjahr angeboten, welches dann die Chancen auf einen Studienplatz weiter erhöht), bevorzugt. Besonders gute Chancen haben Bewerber unter dreißig Jahren und solche, die bereits im Gesundheitswesen tätig waren. Informationen zum Medizinstudium in Ungarn findest Du zum Beispiel auf den deutschsprachigen Seiten der Semmelweis Universität.

www.semmelweis-medizinstudium.org

Rumänien

In Rumänien ist ein Medizinstudium auf Englisch möglich, beispielsweise an der Universität in Cluj (Klausenburg). Sowohl die Lebenshaltungskosten als auch die Studiengebühren sind im Vergleich zu anderen europäischen Städten eher moderat. Der Abschluss ist in Deutschland genau wie alle anderen EU-Abschlüsse anerkannt. Es gibt verschiedene private Organisationen, die gegen eine Gebühr die Formalitäten der Bewerbung übernehmen. Diese Unternehmen versprechen, dass jeder Bewerber, der die Hochschulreife erworben hat, einen Studienplatz in Medizin erhalten kann, unabhängig von der Abiturnote und ohne Wartezeit. Neben Rumänien sind oft auch andere osteuropäische Universitäten, die ein Medizinstudium auf Englisch anbieten, im Programm. Ob man das Geld für diese Leistungen und Versprechungen ausgeben möchte, bleibt jedem selbst überlassen. Informationen zur rumänischen Variante des Medizinstudiums findest Du beispielsweise auf den englischsprachigen Seiten der Medizinischen Fakultät der Universität Cluj-Napoca.

www.umfcluj.ro/en

USA

Für viele scheint ein Studium in den USA ein Traum zu sein. Allerdings gibt es ein paar kleine Fallstricke, die es zu bedenken gilt. Das Medizinstudium in den USA ist exorbitant teuer. Pro Semester kostet das Studium auf einer Medical School zwischen 25.000 und 43.000 Dollar. Amerikanische Studenten nehmen dafür in der Regel einen Studienkredit auf, den sie hinterher noch viele Jahre lang abbezahlen müssen. Auch wird ein Direkteinstieg in das amerikanische Medizinstudium eher schwierig, da das System ganz anders ist als das deutsche. Da die Medizinstudienplätze auch in den USA sehr begehrt sind, vergeben viele Universitäten ihre Studienplätze oft nur an amerikanische Studenten. Die Anforderungen sind generell sehr hoch. Oft wird für die Bewerbung bereits eine Universitätsausbildung in den USA vorausgesetzt. Eine Übersicht über das Medizinstudium in den USA gibt ein Artikel aus dem Deutschen Ärzteblatt: »Medizinstudium in den USA: Bis zum Hals verschuldet«.[10]

Wer sich davon noch immer nicht abschrecken lässt, dem sei zumindest gesagt, dass sich der Rückweg nach Deutschland schwierig gestalten könnte. Genauso wenig, wie man mit deutscher Approbation ohne Weiteres in den USA praktizieren kann, kann man mit amerikanischem Examen in Deutschland praktizieren. Zwar muss man nicht das Studium in Deutschland wiederholen, aber die Anerkennung der Studienleistungen ist nicht einfach.

Die Facharztausbildung in den USA zu machen, nachdem man in Deutschland studiert hat, ist in jedem Fall kostengünstiger, als gleich dort zu studieren. Auch hier gilt, dass die Studienleistung anerkannt wird, man muss lediglich die amerikanischen Examina

---

10 Quelle: Schmitt-Sausen, Nora, Medizinstudium in den USA: Bis zum Hals verschuldet

absolvieren und sich genau wie die amerikanischen Absolventen des Medizinstudiums über ein standardisiertes Auswahlverfahren bewerben. Die United States Medical Licensing Examination (USMLE) lässt sich auch in Deutschland absolvieren. Es wird Deine Studienleistung anerkannt, nicht jedoch Dein Examen – daher musst Du das amerikanische Examen zusätzlich zu den deutschen Examina absolvieren und dafür auch extra lernen, da der Fokus ein wenig anders gelegt ist als in Deutschland. Das amerikanische Medizinstudium dauert nur vier Jahre und nicht sechs, wie in Deutschland, sodass die epische Breite der vorklinischen Fächer, wie man sie in Deutschland kennt, wegfällt. Generell ist die Ausbildung in den USA praxisbezogener, die Herangehensweise an einen Patienten jedoch wesentlich schematischer, sodass Dir auch die US-spezifischen Eigenarten der Erhebung einer Krankengeschichte bekannt sein sollten. Die meisten Unterschiede finden sich jedoch in der Terminologie. Wenn Du aber erst mal ein paar englischsprachige Lehrbücher durchgeackert hast, so sollten Dir die Examina nicht allzu schwerfallen.

Der Bewerbungsprozess für eine Facharztausbildungsstelle ist auch als **MATCH** bekannt und erinnert stark an die Bewerbung für ein Studium. Alle Jungärzte beginnen ihre Facharztausbildung zum gleichen Termin. Eine Bewerbung direkt bei den Krankenhäusern, wie sie in Deutschland praktiziert wird, ist in den USA unbekannt. Informationen und weiterführende Links zum Medizinstudium in den USA gibt es unter anderem beim Deutschen Akademischen Auslandsdienst (DAAD).

- **www.daad.de/ausland/studieren/leben/ de/6566-medizin**

Natürlich ist es prinzipiell auch möglich, in jedem anderen europäischen Land Medizin zu studieren. Dein Abitur wird überall anerkannt. Allerdings sind die Zulassungshürden gerade in den englischsprachigen Ländern ähnlich hoch wie in Deutschland. In England beispielsweise entscheiden die Unis selbst, welche Studenten sie annehmen, Du darfst Dich jedoch nicht bei beliebig vielen Unis bewerben und die Kosten sind für ausländische Studenten ziemlich hoch. Außerdem ist der Andrang auf die Medizinstudienplätze ähnlich groß wie in Deutschland.

▶ **www.meDuni.com/angebote/AusBildung/medizinstudium/ausland/england.html**

3
DAS STUDIUM

Glückwunsch, Du hast es geschafft! Du hast einen Medizinstudienplatz in Deutschland ergattert. Jetzt willst Du sicherlich wissen, was Dich erwartet.

Viele plagt vor Studienbeginn vor allem die Frage: Reichen meine Vorkenntnisse? Hätte ich Bio doch lieber nicht nach der zehnten Klasse abwählen sollen? Muss ich nicht ein naturwissenschaftliches Genie sein, um da mithalten zu können?

Um es mal ganz einfach zu sagen: Es ist relativ egal, wie gut Deine Vorkenntnisse sind. Solltest Du an einer Uni mit einem eher traditionell ausgerichteten Curriculum studieren, an der Du mit Grundlagenfächern bis zum Abwinken gequält wirst, so kannst Du zumindest davon ausgehen, dass die Grundlagen alle noch einmal wiederholt werden. Denn an keiner Uni kann vorausgesetzt werden, dass Du alle naturwissenschaftlichen Fächer bis zum Abitur und am besten noch als Leistungskurs belegt hast. Dass Du Dich am Anfang leichter tust, wenn Du die Grundlagen schon kennst, ist eine andere Sache, aber Du musst zumindest keine Angst haben, dass etwas als bekannt vorausgesetzt wird, von dem Du noch nie gehört hast. Solltest Du an einer eher reformorientierten Uni studieren, wie zum Beispiel an der Charité in Berlin, so ist das eh irrelevant, weil der Schwerpunkt nicht auf Grundlagenfächern liegt.

3.1
DER AUFBAU DES STUDIUMS

Hier kommt es wie gesagt sehr darauf an, wo Du studierst. Seit der neuen **APPROBATIONSORDNUNG VON 2002** haben die Universitäten etwas mehr Gestaltungsmöglichkeiten bei der Durchführung ihres Medizinstudienganges. Somit gibt es an fast jeder Uni irgendein Modellprojekt. Als ich 1999 an der Charité anfing zu studieren, war ich eine der ersten 63 Studenten im Reformstudiengang Medizin. Wir mussten uns das ganze Studium über spöttischer Kommentare (»Barfußmediziner«) erwehren und haben uns mehr als einmal unseren baldigen Untergang prophezeien lassen. Nichts davon ist eingetreten. Ganz im Gegenteil, viele Elemente der Reformprojekte haben ihren Eingang in den regulären Studiengang gefunden und viele Universitäten experimentieren noch mit neuen Konzepten. Typische Reformansätze im Studium sind zum Beispiel das **BEDSIDE TEACHING,** also die Lehre direkt am Krankenbett, und das **PROBLEMORIENTIERTE LERNEN (POL),** wobei das Wissen anhand eines klinischen (Papier-)Falls in Kleingruppen erarbeitet wird. Dazu passt auch das **ORGANZENTRIERTE SEMINAR (OZS),** in dem Grundlagenfächer anhand eines klinischen Falls gemeinsam vermittelt werden. Inzwischen wirst Du eines oder mehrere dieser Elemente wahrscheinlich auch an Universitäten finden, die keinen Modellstudiengang anbieten.

Du solltest Dich daher, noch bevor Du Dich überhaupt bewirbst, bei der Uni Deiner Wahl erkundigen, welches Studienmodell dort gerade praktiziert wird. Du wirst feststellen, dass es große

Unterschiede im Studienaufbau gibt und selbst die Anzahl der großen Prüfungen variieren kann.

Um Dir aber einen Eindruck zu verschaffen, wie das Studium in etwa aussehen wird, stelle ich hier exemplarisch den Aufbau des Studienganges an zwei Universitäten vor: München und Berlin. Denn am Ende müssen alle Studenten irgendwie halbwegs auf dem gleichen Stand sein, um die letzten Examina (das sogenannte »Hammerexamen«, welches wenige Jahre nach der Einführung schon wieder reformiert wird) zu schaffen, nach denen sie dann auf die Menschheit losgelassen werden können.

Was genau soll das Medizinstudium leisten? Um eine generelle Idee davon zu bekommen, was eigentlich von der Ausbildung zum Mediziner verlangt wird, lohnt es sich, einen Blick in die **APPROBATIONSORDNUNG FÜR ÄRZTE VOM 27. JUNI 2002** zu werfen:[11]

§ 1

Ziele und Gliederung der ärztlichen Ausbildung

1) Ziel der ärztlichen Ausbildung ist der wissenschaftlich und praktisch in der Medizin ausgebildete Arzt, der zur eigenverantwortlichen und selbständigen ärztlichen Berufsausübung, zur Weiterbildung und zu ständiger Fortbildung befähigt ist. Die Ausbildung soll grundlegende Kenntnisse, Fähigkeiten und Fertigkeiten in allen Fächern vermitteln, die für eine umfassende Gesundheitsversorgung der Bevölkerung erforderlich sind. Die Ausbildung zum Arzt wird auf wissenschaftlicher Grundlage und praxis- und patientenbezogen durchgeführt.

11 Quelle: Approbationsordnung für Ärzte

Sie soll

- das Grundlagenwissen über die Körperfunktionen und die geistig-seelischen Eigenschaften des Menschen,
- das Grundlagenwissen über die Krankheiten und den kranken Menschen,
- die für das ärztliche Handeln erforderlichen allgemeinen Kenntnisse, Fähigkeiten und Fertigkeiten in Diagnostik, Therapie, Gesundheitsförderung, Prävention und Rehabilitation,
- praktische Erfahrungen im Umgang mit Patienten, einschließlich der fächerübergreifenden Betrachtungsweise von Krankheiten und der Fähigkeit, die Behandlung zu koordinieren,
- die Fähigkeit zur Beachtung der gesundheitsökonomischen Auswirkungen ärztlichen Handelns,
- Grundkenntnisse der Einflüsse von Familie, Gesellschaft und Umwelt auf die Gesundheit, die Organisation des Gesundheitswesens und die Bewältigung von Krankheitsfolgen,
- die geistigen, historischen und ethischen Grundlagen ärztlichen Verhaltens

auf der Basis des aktuellen Forschungsstandes vermitteln. Die Ausbildung soll auch Gesichtspunkte ärztlicher Gesprächsführung sowie ärztlicher Qualitätssicherung beinhalten und die Bereitschaft zur Zusammenarbeit mit anderen Ärzten und mit Angehörigen anderer Berufe des Gesundheitswesens fördern. Das Erreichen dieser Ziele muss von der Universität regelmäßig und systematisch bewertet werden.

2) Die ärztliche Ausbildung umfasst

1. ein Studium der Medizin von sechs Jahren an einer Universität oder gleichgestellten Hochschule (Universität), das, vorbehaltlich § 3 Abs. 3 Satz 2, eine zusammenhängende praktische Ausbildung (Praktisches Jahr) von 48 Wochen einschließt;

2. eine Ausbildung in erster Hilfe;

3. einen Krankenpflegedienst von drei Monaten;

4. eine Famulatur von vier Monaten und

5. die Ärztliche Prüfung, die in zwei Abschnitten abzulegen ist.

Die Regelstudienzeit im Sinne des § 10 Abs. 2 des Hochschulrahmengesetzes beträgt einschließlich der Prüfungszeit für den Zweiten Abschnitt der Ärztlichen Prüfung nach § 16 Abs. 1 Satz 2 sechs Jahre und drei Monaten.

Im Folgenden soll der Aufbau des Studiums anhand des Modells der Technischen Universität München (TUM) und der Ludwig-Maximilians-Universität München (LMU) dargelegt werden. Viele Universitäten haben Modellstudiengangsregelungen, die von dieser starren Form abweichen. Jede Medizinische Fakultät legt dies auf ihrer Webseite dar. Wie eingangs erwähnt, lohnt sich das genaue Studium dieser Inhalte, bevor Du Dich für eine Universität entscheidest. Nach Lektüre der folgenden Abschnitte wirst Du das Angebot Deiner Wunschuniversität gut einordnen können.

3.2 DAS KRANKENPFLEGEPRAKTIKUM

Egal für welche Uni Du Dich entscheidest, zuerst einmal fängst Du mit dem Krankenpflegepraktikum an. Für einige ist es eine Offenbarung, für andere eher eine lästige Pflichterfüllung – hilft aber alles nichts, bis zum Physikum musst Du ein dreimonatiges Krankenpflegepraktikum absolviert haben. Vielfach wird empfohlen, das Krankenpflegepraktikum schon vor Beginn des Studiums zu absolvieren. Während des Studiums ist es unter Umständen weitaus schwieriger, die Zeit hierfür aufzubringen, da Du in den Semesterferien Kurse und Praktika zu belegen hast. Du musst die drei Monate nicht an einem Stück absolvieren, aber wenn Du es irgendwie einrichten kannst, solltest Du es auf jeden Fall versuchen.

Wenn Du bereits eine Ausbildung in einem medizinischen Bereich absolviert hast, kannst Du sie Dir unter Umständen anrechnen lassen, jedenfalls wenn ein Praktikum im Pflegebereich auch zu Deiner Ausbildung gehörte (bei einer Ausbildung in der Krankenpflege musst Du das Praktikum natürlich nicht machen).

Ich habe mein Krankenpflegepraktikum in der Psychiatrie absolviert. Das war eher Zufall. Ich wollte eigentlich Psychologie studieren und dann in der Psychiatrie arbeiten. Also bewarb ich mich für das Psychologiestudium und begann zeitgleich ein Praktikum in der Allgemeinpsychiatrie. Dort merkte ich sehr schnell, dass das, was mich so interessierte, gar nicht Aufgabe des Psychologen ist, sondern die des Psychiaters. Und der hat nun mal Medizin studiert. (Ein Fehler, den man übrigens immer wieder auch in den Medien finden kann, wenn vom Psychologen die Rede ist. Oft ist der Psychiater gemeint. Dabei ist das eigentlich ganz einfach, ein Psychologe hat Psychologie studiert, ein Psychiater ist Arzt.) Jedenfalls entschied ich mich dann recht schnell dazu, meine Bewerbung für das Psychologiestudium zurückzuziehen und stattdessen lieber Medizin zu studieren.

Im Krankenpflegepraktikum bist Du dem Pflegepersonal zugeteilt. Du sollst bei der Verrichtung pflegerischer Tätigkeiten mithelfen. Es ist hier wie überall im Leben, Du kannst Glück haben und an ein tolles Team geraten, das Dich mit offenen Armen empfängt und Dir etwas beibringen möchte. Natürlich kannst Du auch Pech haben und drei Monate mit dem Schrubben von Bettgestellen und dem Leeren von Bettpfannen zubringen. Du kannst Deine Tätigkeiten etwas danach steuern, was für eine Fachabteilung Du auswählst. Auf einer Intensivstation wirst Du sicherlich sehr viele interessante Sachen zu sehen bekommen. Die Arbeit wird aber wahrscheinlich körperlich und auch mental sehr anstrengend sein. Wenn Du aber einen eher entspannten Job machen möchtest, dann gehst Du am besten in die Psychiatrie.

In der Psychiatrie fällt in den allermeisten Fällen die Grundpflege weg. Die Patienten sind mobil, können sich meist selbst an- und ausziehen und unter die Dusche gehen (dass einige Patienten hierfür oft eine extra Einladung brauchen, steht auf einem anderen Blatt). Zudem können die Patienten in der Regel im Speisesaal ihr Essen einnehmen. Die Patienten benötigen eine andere Art von Pflege, als es der allgemeinen Vorstellung von der Krankenpflege entspricht. Meine Aufgaben lagen meist in der Unterhaltung der Patienten. Wir spielten Tischtennis, unterhielten uns und machten Spaziergänge und Ausflüge. Das Pflegepersonal sowie auch einige Ärzte waren immer sehr um mich bemüht und wollten sicherstellen, dass ich etwas lerne. Ich habe mein Krankenpflegepraktikum als eine sehr positive Zeit in Erinnerung behalten. In keinem Praktikum danach oder auch während meiner klinischen Tätigkeit als Ärztin habe ich je wieder so einen tiefen Einblick in die Arbeit des Pflegepersonals erhalten. Ich gehe im Kapitel 4.3 *Zusammenarbeit mit dem Pflegepersonal* noch genauer auf diese Thematik ein.

Man kann natürlich nicht abstreiten, dass die Krankenpflege in der Psychiatrie schon sehr speziell ist. Wenn Du also wirklich klassische pflegerische Tätigkeiten sehen und verrichten möchtest, dann bist Du in Fächern wie der Inneren Medizin oder Chirurgie sicherlich besser aufgehoben. Was Du auf keinen Fall machen solltest, ist immer wieder herauszustellen, dass Du ja eh bald

Medizin studieren wirst und Dich diese Tätigkeiten daher eigentlich gar nichts angehen. Mit solch einer Haltung können drei Monate verdammt lang werden, vor allem, wenn man acht Stunden am Tag nur Bettpfannen ausleert. Und viel mehr wird Dich mit einer solchen Einstellung auch der gutmütigste Krankenpfleger dann irgendwann nicht mehr machen lassen, was ihm auch kaum zu verübeln wäre.

3.3 DAS STUDIUM IM REGELSTUDIENGANG

In München kann man den klassischen Regelstudiengang studieren (Stand August 2013). Eine Besonderheit ist sicherlich die Doppelimmatrikulation an der Technischen Universität München (TUM) und der Ludwig-Maximilians-Universität München (LMU) im ersten Studienabschnitt. Der von beiden Universitäten gemeinsam getragene Studienabschnitt wird auch Medizinisches Curriculum München (MeCuM) genannt. Nach dem ersten Abschnitt der ärztlichen Prüfung (dem sogenannten **PHYSIKUM**) werden die Studenten für den klinischen Abschnitt ihrem Wunsch entsprechend an der TUM oder LMU immatrikuliert. Sollte es für die eine Uni mehr Bewerber als Plätze geben, so werden die Plätze nach Noten vergeben.

Falls Du Dich schon seit Jahren auf das laxe Studentenleben gefreut hast, solltest Du Deine Studienfachwahl nochmals überdenken. Das Medizinstudium ist sehr verschult und die Liste der Fächer, in denen Anwesenheitspflicht gilt, ist so lang wie Dein Arm. Geh mal davon aus, dass man Dir zu Beginn des Semesters einen Stundenplan in die Hand drückt, der so voll ist, dass Du Dich fragst, wo Du die ganzen Latte-macchiato-Nachmittage im Coffeeshop und die wilden WG-Partys eigentlich noch unterbringen sollst. Wenn Du dann nebenbei noch Geld verdienen musst, dann wird es besonders in den ersten Semestern richtig eng.

VORKLINIK (ERSTER STUDIENABSCHNITT)

Die Einteilung in **VORKLINIK** (die ersten vier Semester bis zum Physikum) und **KLINIK** (die nächsten sechs Semester plus das Praktische Jahr) entsprechen der klassischen Einteilung. In den ersten zwei Jahren werden die Grundlagenfächer unterrichtet. Oftmals wird das als sehr quälend empfunden. Die Stoffmenge ist gewaltig und der klinische Bezug eher gering. Man hört oft die Klage der Studenten, dass sie gar nicht wüssten, wofür sie das alles lernen sollen. Das ist sicher typabhängig, Es gibt auch Studenten, die den vorklinischen Teil wahnsinnig spannend finden. Solltest Du da für Dich eher Zweifel haben, dann sieh Dich nach einer Uni mit einem Modellstudiengang um, der die klassische Trennung von Klinik und Vorklinik aufhebt. Mittlerweile geben sich die Unis aber auch im Regelstudiengang Mühe, klinische Inhalte mit in die Vorklinik einfließen zu lassen, sodass es nicht mehr ganz so extrem ist wie vor einigen Jahren, als man noch Medizin studieren konnte und zwei Jahre lang keinen einzigen Patienten zu Gesicht bekam.

Generell wird wie in vielen andern Studienfächern auch zwischen Pflicht- und freiwilligen Veranstaltungen unterschieden. Die Realität lehrt, dass »freiwillig« gleichzusetzen ist mit »geh ich nicht hin«. Oder um es anders zu formulieren: Während Du in den ersten Wochen noch enthusiastisch jede angebotene Vorlesung besuchen wirst, so fängst Du bald ganz schnell an auszusieben. Generell ist zu bemerken, dass es zu den großen Fächern zumeist eine Vorlesung gibt, die in der Regel freiwillig ist und gleichzeitig einen Kurs oder ein Praktikum. Letztere sind verpflichtend, am Ende gibt es eine Prüfung und bei erfolgreichem Bestehen gibt es dafür einen Schein. **ZUR ANMELDUNG FÜR DAS PHYSIKUM SIND 15 LEISTUNGSNACHWEISE** (Scheine) erforderlich. Zusätzlich wird ein **ZEUGNIS ÜBER DAS KRANKENPFLEGEPRAKTIKUM** (neunzig Tage) sowie der **NACHWEIS** über eine Ausbildung **IN ERSTER HILFE** verlangt.

Welche Fächer erwarten Dich in der Vorklinik ?

Du hast eine gewisse Wahlfreiheit, wann Du welchen Kurs belegst – zumindest der Theorie nach. Praktisch bekommst Du einen festen Stundenplan überreicht und musst relativ viel Zeit und Mühe investieren, um gegebenenfalls etwas zu tauschen.

Auf der Webseite der Fachschaft Medizin an der LMU München gibt es einen sehr lesenswerten Überblick darüber, was Dich pro Semester an Fächern erwartet.

▶ **www.fachschaft-medizin.de/studium**

Makroskopische Anatomie

Das ist sicherlich das Fach, was die meisten Nicht-Mediziner mit dem Medizinstudium assoziieren: Die makroskopische Anatomie oder das »Herumschnippeln« an Leichen, im Allgemeinen auch **PRÄPKURS** genannt. Wozu dient das Ganze?

Wenn Du einmal Menschen behandeln möchtest, dann solltest Du Dich auch in der Anatomie des Menschen ganz gut auskennen, nicht nur, wenn Du Chirurg werden willst. Natürlich wirst Du bis zum Ende des Studiums vieles davon auch wieder vergessen haben, aber die Dinge, die Du für Deine Facharztweiterbildung brauchst, wirst Du dann wieder ganz leicht abrufen können. Im Regelstudiengang wird sehr viel Wert auf ausgezeichnete anatomische Kenntnisse gelegt. Daher wirst Du am Ende nicht nur im Physikum kreuz und quer zu allen Bereichen der Anatomie geprüft, sondern musst während des Anatomiekurses auch Dein Wissen immer wieder in den sogenannten »Testaten« unter Beweis stellen. Die Anatomie ist ein Fach zum reinen Auswendiglernen. Herleiten kann man wenig, man muss sich eben einfach merken, wie die ganzen Knochen, Muskeln, Bänder, Nerven, Blutgefäße und so weiter heißen. Daran führt leider kein Weg vorbei. Ob Du Dir auch die dazugehörige Vorlesung antust, ist natürlich auch wieder Typsache. Du wirst schnell merken, ob der Inhalt für die Testate relevant ist oder nicht. Auch ist die Anatomie wegen des Detailreichtums ein Fach, an dem man schnell verzweifeln kann. Muss man wirklich den Ursprung und Ansatz jedes einzelnen Muskels kennen? Muss man? Man muss – zumindest bis zum Physikum. Danach ist die Wahrscheinlichkeit gering, dass das Wohlergehen Deines Patienten an Ursprung und Ansatz des Musculus piriformis hängen – außer Du wirst Orthopäde. Dann könnte dieser kleine Muskel tatsächlich mal sehr relevant für Dich und Deine Patienten sein.

Der verpflichtende Präpkurs ist das Herzstück der Anatomie. Der Name leitet sich von »präparieren« ab. Präpariert werden hier konkret Leichen. Du wirst in einer Gruppe von etwa neun Studierenden ein Semester lang eine Leiche bearbeiten. Ihr werdet die einzelnen Strukturen freilegen und begutachten und Euch somit den Verlauf und die Anatomie einprägen. Die Leichen sind Spenden. Das heißt, dass sich Menschen zu Lebzeiten dazu entschließen, ihren Körper nach ihrem Tod der Anatomie zu vermachen, damit angehende Ärzte an ihnen die Anatomie lernen können. Der Vorteil für den Spender ist, dass für die Familie keine Bestattungskosten anfallen (dies wird am Ende von der Universität übernommen). Vor diesen Menschen, die sich so der Wissenschaft zur Verfügung stellen, sollte man Respekt haben und dementsprechend auch mit den Leichen umgehen. Was einem vielleicht vom Präpkurs am besten im Gedächtnis bleibt, ist der Geruch von Formalin. Das Mittel, das zur Konservierung von Leichen verwendet wird, hat einen ganz eigenen stechenden Geruch. Dieser setzt sich in Kleidung, Haut und Haaren fest und egal wie oft Du duschst, Du hast das Gefühl, den Geruch einfach nicht los zu werden.

Vielleicht fragst Du Dich, ob Du das überhaupt kannst – einen Toten präparieren? In seinen inneren Organen herumwühlen? Durch die Haut schneiden? Stundenlang an kleinen Gefäßen herumpräparieren und das Ganze bei diesem schrecklichen Formalingeruch? Ich kann Dich beruhigen. Das ist so ein bisschen wie die Sache mit dem »Ich kann kein Blut sehen«. Alles ist nur eine Frage der Gewohnheit. Du wirst so viel Zeit in der Gesellschaft von präparierten Leichen verbringen, dass Du da sehr schnell nicht mehr drüber nachdenkst. Am Anfang findest Du es vielleicht noch etwas seltsam und befremdlich, aber spätestens am Ende der zweiten Woche würdest Du bedenkenlos Dein Butterbrot neben der Leiche auspacken und beim Präparieren essen – wenn es denn erlaubt wäre.

Mikroskopische Anatomie (Histologie)

Während man sich bei der makroskopischen Anatomie schon noch irgendwie vorstellen kann, was das jetzt mit dem Menschen im Allgemeinen und dem Studienwunsch Medizin im Besonderen zu tun hat, so ist bei der Histologie schon viel Fantasie gefragt. Du starrst neunzig Minuten lang durch ein Mikroskop und guckst Dir an, wie die Teile, die Du Dir gerade in Groß einzuprägen versuchst, unter dem Mikroskop aussehen. Das Ziel des Ganzen ist es, dass Du irgendwann in der Lage bist, einen Muskel mikroskopisch von der Leber unterscheiden zu können. Du kannst davon ausgehen, dass Dein Dozent den Kurs wesentlich spannender finden wird als Du. Ich konnte der Histologie nie besonders viel abgewinnen. Irgendwie sah das alles immer gleich aus und nach spätestens dreißig Minuten fielen mir die Augen zu, sodass ich im schlechtesten Fall mit dem Kopf gegen das Mikroskop schlug. Aber hier ist es ein wenig wie mit den Muskeln und der Orthopädie. Da Du als Erstsemester das Berufsfeld der Pathologie noch nicht wirklich für Dich ausschließen kannst, musst Du da nun mal durch. Und auch andere Fächer haben noch immer Schnittstellen mit der Pathologie – wenn Du beispielsweise als Anästhesist im OP einen Anruf des Pathologen entgegennehmen musst und danach den Chirurgen erklären sollst, was der Pathologe zu dem eben eingesandten Gewebe gesagt hat – spätestens dann wünschst Du Dir, damals in Histologie besser aufgepasst zu haben.

Biologie, Physik und Chemie

In all diesen Grundlagenfächern werden Vorlesungen angeboten und Praktika absolviert. Ob Du die Vorlesungen besuchen möchtest, bleibt Dir überlassen. Wahrscheinlich solltest Du ein paar Mal hingehen und sehen, ob es Dir etwas bringt. Vor allem, wenn Du die Fächer in der Schule frühzeitig abgewählt hast, solltest Du nicht völlig unvorbereitet in die Praktika gehen, da sonst schnell das Gefühl von Überforderung droht. Auch hier ist das Typsache, vielleicht profitierst Du ungemein davon, in die Vorlesungen zu gehen, vielleicht fühlst Du Dich aber auch wohler, wenn Du Dir den Stoff in Deinem eigenen Tempo in der Bibliothek antrainierst. Der Inhalt der Fächer entspricht im Großen und Ganzen dem, was Du schon in der Schule gelernt hast. An einigen Stellen wird mehr in die Tiefe gegangen und andere Dinge hast Du im Schulunterricht nie gehört, ein Teil

Deiner Kommilitonen aber sehr wohl (und umgekehrt). Hast Du Physik nach der zehnten Klasse abgewählt, so wirst Du hier sicherlich mehr Neuland betreten als derjenige, der Physik als Leistungskurs hatte. Aber keine Sorge, Du schaffst das schon!

Berufsfelderkundung

Hingehen und ausspannen. Hier bekommst Du den Schein schon für Deine bloße Anwesenheit. Nebenbei lernst Du noch etwas über die verschiedenen Berufsfelder in der Medizin. Das Studium kann so schön sein!

Terminologie

Dieses Fach ist besonders für die spannend, die kein Latein oder Altgriechisch in der Schule hatten. Du lernst, wie sich die Bezeichnungen für Organe und krankhafte oder weniger krankhafte Zustände herleiten. Braucht es dafür einen eigenen Kurs? Anscheinend schon. Wenn Du ein besonderes Interesse an Sprache und Ausdruck hast, so wirst Du das Fach wahrscheinlich sogar ganz spannend finden. Für alle Übrigen ist es wohl ein notwendiges Übel. Das Bestehen der Klausur gilt im Allgemeinen als nicht sonderlich schwer.

Biochemie

Die meisten packt schon bei dem Wort das nackte Grausen. Als wären Biologie und Chemie allein nicht schon schlimm genug, jetzt gibt es auch noch eine obskure Mischung aus beiden? Wenn Du in der Schule schon Chemie als Leistungskurs hattest und Dich ihr mit Freude und großem Interesse gewidmet hast, dann wird Dir Biochemie überhaupt nicht schwerfallen. Wenn Du allerdings in der Schule schon um die Naturwissenschaften einen großen Bogen gemacht hast, so wirst Du wahrscheinlich etwas mehr Arbeit in dieses Fach stecken müssen. Aber was ist Biochemie überhaupt?

Früher nannte sich das Fach mal »Physiologische Chemie«. Letztendlich geht es um chemische (Stoffwechsel-)Vorgänge im Menschen. Das erklärt vielleicht die Wichtigkeit für Deine spätere Tätigkeit als Arzt. Ein Beispiel, das immer wieder für das Fach herangezogen wird, ist das Auswendiglernen des Citratzyklus (Zitronensäurezyklus). Dabei geht es um biochemische Reaktionen im Stoffwechsel aerober Zellen zum Zweck der Energiegewinnung. Dieser mehrere Zwischenstufen umfassende Kreislauf ist das Paradebeispiel für das mehr oder wenige sinnvolle Auswendiglernen in Biochemie. Frag mal bei Gelegenheit einen Assistenzarzt der Fachrichtung Deiner Wahl, ob er noch den Citratzyklus auswendig kann (und wann er ihn das letzte Mal an Patienten gebraucht hat). Die Chancen stehen gut, dass er Dich mit großen Augen ansieht und »Citrat- was?« ruft, bevor er sich sehr eilig zur Visite verabschiedet.

Wer ein gutes naturwissenschaftliches Verständnis hat, kann sich viele Sachen herleiten. Fehlt einem das, kann man viele Sachen auswendig lernen. Man hört von jeder Uni Unterschiedliches. Bei den einen gilt Biochemie als das Fach, an dem die meisten scheitern, bei den anderen heißt es, es sei gut zu schaffen. Und je nachdem, wie Dir das Fach überhaupt liegt, kannst Du mit dieser Aussage eigentlich überhaupt gar nichts anfangen. Also lass Dich bloß nicht von irgendwelchen Biochemie-Horrorstorys verrückt machen!

Physiologie

Die Physiologie ist die Lehre über das Zusammenwirken aller Lebensvorgänge im Organismus. Das Wissen um die menschliche Physiologie ist schließlich eine Grundvoraussetzung, um zwischen »gesund« und »krank« unterschieden zu können. Wer hierbei das Wort »Physik« herausliest, liegt gar nicht so falsch. Physik ist eine Grundlage der Physiologie. Aber auch die Biologie findet hier wieder ihren Platz. Obwohl ich von Physik nie wirklich viel Ahnung hatte, ist mir Physiologie immer relativ leichtgefallen. Prinzipiell gilt hier das Gleiche wie für die Biochemie: Kannst Du Dir etwas nicht herleiten, so musst Du es auswendig lernen. Du lernst in Physiologie etwas über die Funktionsweise des Körpers, beispielsweise wie das Herz funktioniert. Warum schlägt das Herz? Wie genau macht es das? Schnell bist Du hier an der Schnittstelle von Anatomie, Biologie, Physik und Chemie.

Das Fach ist auch relativ zeitaufwendig, was die Anwesenheit in der Uni betrifft. So gibt es zu den Praktika je eine Vor- und eine Nachbesprechung und allesamt sind Pflichtveranstaltungen. Nebenbei läuft noch ein Seminar, in dem ein Referat zu halten ist. Wie man es dreht und wendet – mit Physiologie wird man viel Zeit verbringen.

Nach zwei anstrengenden ersten Jahren kommt die Krönung am Schluss – das Physikum. Was es genau mit dieser Prüfung auf sich hat und wie Du Dich am besten darauf vorbereitest, liest Du in Kapitel 5.1 *Das Physikum.*

DIE KLINIK

Nach den sogenannten vorklinischen Semestern beginnt der klinische Teil Deiner Ausbildung. Hier wirst Du erstmalig das Gefühl haben, dass Du wirklich ein Fach studierst, das mit echten Menschen zu tun hat. Auf die umfassenden Grundlagen, die Du Dir in den ersten zwei Jahren angeeignet hast, folgen nun die praxisrelevanten Dinge. Die Studieninhalte der nächsten drei Jahre sind in Module unterteilt und jedes Modul beinhaltet gewisse klinische Fächer. Dabei werden die Fächer in zwei Blöcke zu je acht Wochen aufgeteilt, wobei die letzte Woche die Klausurwoche ist. Auch wenn es nicht bei jedem Fach explizit ausgeschrieben ist – geh davon aus, dass Du in jedem der folgenden Fächer eine Klausur schreiben wirst. Die Klausurwoche hat es also ganz schön in sich! Es wird Dir auffallen, dass die ersten Module noch etwas mehr Grundlagen vermitteln, je weiter Du in den klinischen Semestern voranschreitest, desto mehr nimmt der klinische Bezug zu. Die jetzt folgenden Ausführungen orientieren sich am Curriculum der LMU.

MODUL 1

Pathologie

Das Fach Pathologie wird oft mit der Rechtsmedizin verwechselt. Wenn Du Dich jetzt schon in einem Praktikum bei CSI wähntest, so muss ich Dich leider enttäuschen, das Wort »pathologisch« bedeutet erst einmal krankhaft. Die Pathologie beschäftigt sich mit krankhaften und abnormen Vorgängen und Zuständen im Körper sowie mit deren Ursachen. Übersetzt bedeutet das, Du wirst Dich wieder hinter Dein Mikroskop klemmen müssen und nun anstelle von gesundem Gewebe, wie Du es vom Histologiekurs kennst, krankes Gewebe betrachten. Das Ganze wird nach dem schon hinlänglich bekannten Muster angeboten: Vorlesung (freiwillig) und Seminar (mit Anwesenheitspflicht). Hinzu kommt noch der sogenannte »Makrokurs« (ebenfalls mit Anwesenheitspflicht), in dem zum Beispiel Operationspräparate demonstriert werden.

Pathophysiologie

Auch hier ist der Name Programm. Hast Du Dich doch gerade erst durch die Physiologie des Menschen gequält, so kannst Du jetzt gleich mit der Pathophysiologie weitermachen. Glücklicherweise gibt es hierzu nur eine Vorlesung und weder Schein noch Prüfung. Dementsprechend kannst Du Dir vorstellen, wie groß das Interesse an dieser Veranstaltung sein wird. Während Physiologie die Vorgänge im gesunden Körper erklärt, so befasst Du Dich in der Pathophysiologie mit krankhaften Prozessen. Analog zu dem Beispiel zur Funktionsweise des Herzens im Fach Physiologie seien hier die Entstehung und der Ablauf eines Herzinfarkts genannt. Du musst also erst einmal verstanden haben, wie das Herz eigentlich funktioniert, damit Du dann verstehen kannst, was bei einem krankhaften Prozess anders läuft.

Strahlenfächer

Zunächst einmal geht es hierbei um alle Fächer, die irgendetwas mit radioaktiver Strahlung zu tun haben. Man denkt hierbei zunächst an die Fächer Radiologie und Strahlentherapie. Radiologie beschäftigt sich mit jeglichen Formen der Bildgebung, also Röntgenbildern im klassischen Sinne, Computertomographie, Magnetresonanztomographie und vielem mehr. Die Strahlentherapie hingegen beschäftigt sich beispielsweise mit der Strahlentherapie von Tumoren. Dafür sind Kenntnisse in Strahlenbiologie und Strahlenphysik notwendig. All dies wirst Du in diesem Kurs, der ein Seminar und eine Vorlesung beinhaltet, lernen können.

Humangenetik

In diesem Fach wirst Du eine Prüfung ablegen müssen, daher solltest Du die Vorlesung wohl besuchen. Es findet eine Vorlesung mit Übungen an konkreten Fallbeispielen statt. Die Humangenetik beschäftigt sich mit dem Erbgut des Menschen. Hierbei wird die medizinische Diagnostik mit der Molekularbiologie verbunden. Humangenetik ist also ein neueres Fach und ein hochinteressantes noch dazu. Denk auch gerade bei Fächern, in denen es nur eine Vorlesung und dann eine Prüfung gibt, immer daran, dass die Wahrscheinlichkeit, dass prüfungsrelevante Dinge in der Vorlesung besprochen werden, die hinterher in keinem Skript (Skripte sind Unterlagen, die zum Beispiel von Dozenten ausgegeben werden und den Inhalt der Vorlesung oder des Seminars kurz zusammenfassen) je zu finden sind, recht hoch ist.

Pharmakologie

Dieses Fach beschäftigt sich mit Wirkungen und Wechselwirkungen von Medikamenten im (menschlichen) Körper. In diesem Semester wirst Du vor allem die Grundlagen kennenlernen. Da Du jetzt aber schon fit in Biochemie und Physiologie bist, sollte Dir das nicht allzu schwerfallen. Das Fach ist wichtig und auch wenn es anfangs etwas trocken anmuten mag, so darfst Du nicht vergessen, dass die Pharmakologie einen Großteil der Therapie am Menschen darstellt. Konkret heißt das, dass Du irgendwann mal in der Lage sein musst, Deinem Patienten das richtige Medikament für seine Herzschwäche auszusuchen, natürlich in Kenntnis seiner weiteren Erkrankungen, Allergien, Unverträglichkeiten und potentiellen Wechselwirkungen.

Klinische Chemie

Was ist das denn jetzt wieder? Die Chemie scheint Dich in allen möglichen Ausprägungen in Deinem Studium zu verfolgen. Jetzt also in ihrer klinischen Form. Worum geht es genau? Es geht letztendlich um Labormedizin. All die Dinge, die Du in Biochemie und Physiologie gelernt hast, machen ja irgendwas im menschlichen Körper und das kann man messen, um es mal ganz einfach auszudrücken. Dinge, die man messen kann und die irgendwas mit Labor zu tun haben, rufen natürlich geradezu nach Vorlesung, Seminar und Praktikum und genauso ist es auch.

Mikrobiologie

MiBi, wie das Fach auch liebevoll genannt wird, befasst sich mit Bakteriologie, Parasitologie, Virologie, Immunologie und

Hygiene. Also mit allem, was kreucht und fleucht und wie man sich und andere am besten davor schützt. Die Aufteilung ist wieder ganz klassisch: Vorlesung, Praktikum und Seminare, wobei die letzten beiden Deine geschätzte Anwesenheit erfordern. Am Ende darfst Du Dein Wissen schriftlich unter Beweis stellen. Außerdem soll jeder Student eine 15-minütige Präsentation erarbeiten. MiBi ist eines dieser Fächer, die einem auf Anhieb ein schlechtes Gewissen machen, weil man ahnt, dass das irgendwann mal noch wichtig werden könnte. Genauso ist es auch. Je besser Du hier aufpasst, desto weniger musst Du Dich später quälen, wenn es darum geht, das richtige Antibiotikum für Deinen Patienten auszuwählen. Wenn Du dann mit den Begriffen »gramnegativ« und »grampositiv« nichts anfangen kannst, so wird der Weg zum Facharzt eventuell steinig und schwer.

MODUL 23

Wieso heißt das nächste Modul plötzlich Modul 23? Aus offensichtlichen Gründen – die Module zwei und drei werden in einem Modul zusammengefasst und daher mit der Zahl 23 bezeichnet. Ganz logisch. Dieses Modul wird ein ganzes Jahr lang durchlaufen. Es unterteilt sich in acht Themenblöcke, die nach den Organsystemen des menschlichen Körpers unterteilt sind. Das Jahr wird auch als **INTERDISZIPLINÄRES KLINISCHES BASISJAHR** bezeichnet. Du siehst, dass hier der klinische Anteil schon deutlich zunimmt.

Die Themenblöcke gestalten sich dabei wie folgt:

Modul 2

- das respiratorische System
- das nephrourogenitale System
- das Blut und die Immunologie
- das muskuloskelettale System

Modul 3

- das kardiovaskuläre System
- das gastrointestinale System
- das endokrinologische System
- der AINS-Block (Anästhesie, Intensiv-, Notfallmedizin und Schmerztherapie)

Jeder Block dauert insgesamt vier Wochen. In den Organblöcken sowie im Rahmen blockübergreifender Veranstaltungen werden auch Querschnittsfächer unterrichtet (zum Beispiel in der Trauma- und der Rheumawoche). In den Vorlesungen sollen Grundlagen vermittelt werden, welche dann in den sogenannten Tutorials angewendet werden sollen. Am Ende der Blockwoche steht das Bedside Teaching, bei dem das gesammelte Wissen unter Anleitung in die Praxis umgesetzt werden soll. Solche Veranstaltungen sind immer sehr stark abhängig von der Person, die sie durchführt. Du wirst Bedside Teaching erleben, das Dich so beeindruckt, dass Du noch Jahre lang davon zehren wirst. Und dann gibt es natürlich auch solche Veranstaltungen, die Du vergessen hast, bevor Du mit dem Aufzug im Erdgeschoss angekommen bist. Kontinuierliche

Evaluierung der Lehre durch die Studenten soll helfen, dieses Gefälle zu verringern. Du wirst daher während Deines Studiums oft gefragt werden, wie Du diese oder jene Veranstaltung gefunden hast. Dein Feedback wiederum soll den Lehrenden helfen, ihren Unterricht zu verbessern und wird in der Regel von der jeweiligen Medizinischen Fakultät durchgeführt.

Zusätzlich zu den Blöcken werden während des Jahres das Blockpraktikum Innere Medizin und das Blockpraktikum Chirurgie durchgeführt. Im Blockpraktikum kannst Du erste klinische Erfahrungen auf Station sammeln. Idealerweise wirst Du in das Ärzteteam integriert und darfst unter Aufsicht erste ärztliche Tätigkeiten übernehmen. Wie sieht das aus? Nun, in der Theorie schon mal sehr gut. Die Medizinische Klinik II des Klinikums Großhadern wirbt beispielsweise sehr offensiv um Studenten, doch bitte als Blockpraktikanten zu ihr zu kommen. Auf ihrer Webseite wird der Ablauf eines typischen Tages aus Sicht des Blockpraktikanten beschrieben.[12] Die Aufgaben eines Blockpraktikanten sind demnach das Blutabnehmen, die Untersuchung und Aufnahme von Patienten und die Besprechung der dabei erhobenen Befunde mit einem Stationsarzt. Außerdem soll die Möglichkeit gegeben werden, die Patienten zu Untersuchungen zu begleiten.

Als Blockpraktikant bist Du für die Stationsärzte eine willkommene Hilfe im Routinebetrieb. Du nimmst ihnen (eventuell) lästige Pflichtaufgaben ab, wie beispielsweise das Blutabnehmen. Das ist ja auch gut so und Du sollst das ja auch lernen – im Gegenzug kannst Du aber auch erwarten, dass man sich Mühe gibt, Dir etwas beizubringen. Sollte das ausbleiben, kannst und musst Du

12 Quelle: www.klinikum.uni-muenchen.de/Medizinische-Klinik-und-Poliklinik-II/de/lehre/blockpraktikum/index.html (abgerufen 12. Dezember 2013)

das ansprechen. Deine Zeit ist zu schade, um nur den Handlanger der Stationsärzte zu spielen.

! **Tipp:** Egal ob Blockpraktikum, Famulatur oder Praktisches Jahr – nenn auf die Frage, welche Fachdisziplin Du anstrebst, immer das Fachgebiet der Abteilung, in der Du gerade bist. Auch, wenn Du schon mit vier Jahren beschlossen hast, dass Du niemals Chirurg werden willst, lass das den motivierten chirurgischen Assistenzarzt nicht wissen. Wenn mir ein Student erzählt, das Praktikum in der Anästhesie mache er nur, weil Intubieren lernen ja nie schlecht sein könne, dann lässt meine Motivation, demjenigen die Finessen meines Fachgebietes zu erklären, deutlich nach. Das ist vielleicht nicht schön, aber menschlich doch irgendwie auch verständlich.

MODUL 4

Das Modul trägt den Namen **NERVENSYSTEM UND SENSORIUM.** Es geht also im weitesten Sinne um die Sinnesorgane und das Gehirn. Folgende Fächer werden dabei unterrichtet:

- Augenheilkunde
- Dermatologie/Venerologie
- Hals-, Nasen- und Ohrenheilkunde
- Neurologie, Neurochirurgie, Neuropathologie, Neuroimmunologie und Neuroradiologie
- Pharmakologie und Pharmakotherapie
- Psychiatrie und Psychosomatik

Jetzt wird es also schon ziemlich klinisch. Du wirst zudem die Möglichkeit haben, in den Tutorials an problembasiertem Unterricht (PBL) teilzunehmen. Dieses Konzept heißt an anderen Universitäten eventuell anders (zum Beispiel POL: problemorientiertes Lernen), meint aber immer dasselbe. In Kleingruppen von gewöhnlich nicht mehr als sieben Studenten bekommt Ihr am Anfang der Woche einen Fall zugeteilt, der das Thema der Woche beinhaltet. Nehmen wir hier mal ein Beispiel aus der Neurologie: Ein Patient kommt mit einer Halbseitenlähmung in die Klinik. Diesen Fall diskutiert Ihr dann unter Anleitung Eures Tutors, der ein mehr oder weniger erfahrener Arzt ist und Eure Arbeit ein wenig strukturieren, aber möglichst nicht inhaltlich eingreifen soll. Ihr werdet dann wahrscheinlich schnell auf die möglichen Ursachen einer Halbseitenlähmung kommen und feststellen, dass Ihr nur eine vage Vorstellung von dieser Symptomatik habt. Ihr sollt Euch dann selbst Lernziele stecken und diese im Laufe der Woche bearbeiten. Mögliche Lernziele wären hier: Was sind die Differenzialdiagnosen der Halbseitenlähmung? Was für Formen eines Schlaganfalls gibt es? Welche Behandlungskonzepte gibt es? Natürlich könntet Ihr auch auf ganz andere Fragen kommen. In Eurer Auswahl seid Ihr hier relativ frei. Das Konzept des problembasierten Unterrichts kommt aus den Reformprojekten der Medizinerausbildung. Als ich im Reformstudiengang Medizin in Berlin studierte, war diese eigenständige Form der Wissensaneignung das Hauptelement des gesamten Studiums. Es erfordert einen gewissen Grad an Disziplin, so zu lernen, allerdings ist der Gruppendruck recht groß, und da man am Ende der Woche ja nicht als faul und inkompetent dastehen will, bereitet man seine Themen in der Regel recht gut vor.

Dem einen mag diese Art mehr liegen als dem anderen, allerdings habe ich damals die Erfahrung gemacht, dass niemand konkret an dieser Unterrichtsform gescheitert wäre. Wenn jemand mehrfach dadurch auffällt, dass er oder sie unvorbereitet ist, dann wird die Gruppe das ganz schnell thematisieren und die Peinlichkeit, die dadurch entsteht, ist für gewöhnlich Motivation genug.

Du hast nach diesen vier Modulen zwar noch nicht alle klinischen Fächer kennengelernt, allerdings wirst Du jetzt wahrscheinlich schon eine ganz gute Vorstellung davon haben, welche Bereiche Dir liegen. Wahrscheinlich wirst Du Dich auch schon entschieden haben, ob Du mal eher in ein operatives Fach möchtest (dazu gehört zum Beispiel auch Augenheilkunde) oder doch lieber in ein konservatives (so nennt man die Fächer, in denen Du nicht im OP stehst, beispielsweise Innere Medizin, Neurologie und Psychiatrie).

MODUL 5

Dieses Semester heißt auch **GEZEITEN UND LEBENSABSCHNITTE.** Dementsprechend finden sich hier folgende Fächer:

- Pädiatrie (Kinderheilkunde)
- Gynäkologie und Geburtshilfe
- Allgemeinmedizin

In diesen drei Fächern werden auch Blockpraktika durchgeführt. Zu allen Fächern finden Vorlesungen, Seminare und Tutorials statt. Weitere Lehrangebote in diesem Modul sind:

- Geriatrie (Altersmedizin)
- Physikalische Medizin und Rehabilitation
- das Seminar »Der multimorbide Patient« in der Pharmakologie
- Klinisch-pathologische Konferenzen

In diesem Modul kommst Du von der strengen Fächerlehre weg und lernst, einen möglichst ganzheitlichen Blick auf den Patienten zu werfen. Wie schwer es in der Praxis ist, den Menschen als Individuum und nicht nur als »das Knie« oder »die Leber« wahrzunehmen, wirst Du allerdings bald feststellen (und erschrocken zusammenzucken, wenn Dir das erste Mal der Satz »Ist die Leber aus Zimmer 15 schon im OP?« rausrutscht).

MODUL 6

Du hast es fast geschafft, Du bist jetzt im letzten Semester vor dem Praktischen Jahr. Durchatmen! Dieses Semester ist eine Besonderheit an der LMU. Es ist das sogenannte **PROJEKTSEMESTER.** In diesem Semester bist Du von allen Pflichtveranstaltungen befreit. Du sollst Dich vermehrt eigenen Projekten widmen. Dahinter steht natürlich der Gedanke, dass Du Deine Doktorarbeit anfangen oder fertigstellen sollst. Auf die erfolgreiche Durchführung der Promotion gehe ich in Kapitel 11.1 *Die Doktorarbeit* noch ausführlich ein. Es sei an dieser Stelle nur gesagt, dass es wirklich sehr empfehlenswert ist, mit seiner Doktorarbeit schon im Studium möglichst weit voranzukommen, denn so viel Zeit hast Du danach nie wieder! Gleichzeitig bietet die LMU Kurse an, die Du freiwillig besuchen kannst und die Dich bei eventuellen Forschungsprojekten unterstützen sollen.

Jetzt fragst Du Dich vielleicht, was die Studenten anderer Universitäten im zehnten Semester machen, da sie anscheinend kein Projektsemester haben. Nun, letztendlich gibt die **APPROBATIONSORDNUNG** ja nur vor, was Du während Deines Studiums zu lernen hast und worüber Du geprüft werden sollst. Wie die Universität dieses Wissen in Deinen Kopf bekommt, bleibt zu weiten Teilen ihr überlassen. Gleichzeitig gibt es ja auch noch die Modellstudiengangsregelung, die den Universitäten noch mal mehr Freiräume einräumt. Daher variiert der Aufbau des Studiums von Uni zu Uni, lediglich der Inhalt ist gleich. Das bedeutet, dass Du an der ersten Uni im zehnten Semester vielleicht ein Blockpraktikum im Bereich Gynäkologie machst, an der zweiten Uni machst Du Kinderheilkunde und an der dritten Uni hast Du eben frei. Gleichzeitig bedeutet ein Projektsemester natürlich auch, dass zuvor der Stoff verdichtet werden muss, denn sonst kann es kein Freisemester geben.

Nach diesen zehn Semestern des Studiums an der Uni trennen Dich nur noch **DAS PRAKTISCHE JAHR** und ein paar nicht zu verachtende Prüfungen vom Arztberuf. Klingt doch eigentlich ganz gut machbar, oder?

3.4 DAS STUDIUM IM MODELLSTUDIENGANG

Jetzt weißt Du schon, wie es sich so studiert, wenn man es in etwa so macht, wie es die Studienordnung verlangt. Inhaltlich wird es in einem Modellstudiengang auch nicht viel anders sein, jedoch kann die Struktur des Studiums deutlich abweichen. Wie so ein Modellstudiengang organisiert sein kann, stelle ich nun am Beispiel der Charité in Berlin (Stand August 2013) vor.

Seit dem Wintersemester 2010/2011 kann man in Berlin nur noch im Modellstudiengang Medizin immatrikuliert werden. Der Modellstudiengang ist erst einmal für die Dauer von acht Jahren angelegt, kann allerdings, wenn er sich bewähren sollte, verlängert werden. Bislang gab es die Unterteilung in Reform- und Regelstudiengang. Diese beiden Studiengänge sind nun zu einem Modellstudiengang weiterentwickelt wurden. Eine Sache darfst Du bei jeder Form von Modellstudiengängen allerdings nicht vergessen – ein problemloser Wechsel der Universität könnte schwierig werden. Du kannst möglicherweise nicht ohne Zeitverlust weiterstudieren, wenn Du aus einem Modellstudiengang an eine andere Universität wechselst, weil sich die Studieninhalte in den einzelnen Semestern nicht unbedingt gleichen müssen. Gleiches gilt auch für ein Studienjahr im Ausland. Hier müsstest Du wahrscheinlich das Jahr in Berlin dann wiederholen.

Der Modellstudiengang ist in zwei Abschnitte unterteilt. Der erste Studienabschnitt umfasst sechs Semester und der zweite vier Semester. Dabei ist das gesamte Studium in 36 Pflicht- und vier Wahlpflichtmodule unterteilt und die Module sind dabei themenbezogen und über die Fächer hinweg miteinander verbunden. Dabei liegt der Schwerpunkt im ersten Studienabschnitt auf grundsätzlichen Strukturen, Krankheitsmodellen und Organsystemen. Der zweite Studienabschnitt beleuchtet einzelne Lebensabschnitte und betrachtet Krankheiten in den verschiedenen Regionen des Körpers. Der Unterricht findet in erster Linie in Kleingruppen statt. Dabei finden sich folgende Formate:

- Problemorientiertes Lernen (POL) (entspricht dem PBL an der LMU)
- Untersuchungskurse
- Praktisches wissenschaftliches Arbeiten
- Kommunikation, Interaktion & Teamarbeit (KIT)
- Simulation
- Blockpraktika
- Praxistage

Viele dieser Dinge kennst Du schon aus dem Regelstudiengang Medizin in München. Einige bedürfen jedoch vielleicht noch einer Erklärung. Der Praxistag wird im Modellstudiengang im fünften Semester durchgeführt. Dabei bist Du je einen Tag pro Woche in der Praxis eines niedergelassenen Arztes zu Gast. Du sitzt mit ihm in der Sprechstunde, untersuchst Patienten und wirst in die Diagnostik und Therapie miteingebunden.

Bei der Simulation werden eigens ausgebildete Simulationspatienten auf Dich und Deine Kommilitonen losgelassen. Diese Simulationspatienten werden von der Uni speziell für diese Art des Unterrichts rekrutiert und sind selbst keine Medizinstudenten.

Sie werden genau instruiert, welche Symptome sie haben und wie sie auf Dich und Deine Fragen reagieren sollen. Hinterher geben sie Dir Feedback zu Deiner Untersuchungstechnik und Gesprächsführung. Man fühlt sich dabei ein wenig wie im Theater, schließlich weiß man ja, dass der Patient keine echten Beschwerden hat. Diese Art der Simulation muss einem liegen. Einige von uns fanden das ganz toll und wollten am liebsten nichts anderes machen. Mir war das Ganze eher unangenehm, da ja auch meine POL-Gruppe und die Dozenten das Schauspiel mit ansehen mussten. Es ist auf jeden Fall sehr lehrreich. Doch merke: reinschneiden in den Simulationspatienten ist auch dann nicht erlaubt, wenn er eine Blinddarmentzündung markiert!

Das Studium ist insgesamt folgendermaßen aufgebaut:[13]

1. Semester:

- Bausteine des Lebens
- Biologie der Zelle
- Signal- und Informationssysteme

2. Semester:

- Wachstum, Gewebe, Organ
- Mensch und Gesellschaft
- Blut- und Immunsystem
- Wissenschaftliches Arbeiten I

13 Quelle: www.charite.de/fileadmin/user_upload/portal/studium/Prodekanat_fuer_Studium_und_Lehre/StudienordnungModellstudiengangMedizin.pdf (abgerufen 12. Dezember 2013)

3. Semester:

- Haut
- Bewegung
- Herz- und Kreislaufsystem
- Ernährung, Verdauung, Stoffwechsel

4. Semester:

- Atmung
- Niere, Elektrolyte
- Nervensystem
- Sinnesorgane

5. Semester:

- Infektion als Krankheitsmodell
- Neoplasie als Krankheitsmodell
- Interaktion von Genom, Stoffwechsel und Immunsystem als Krankheitsmodell
- Psyche und Schmerz als Krankheitsmodell

6. Semester:

- Abschlussmodul 1. Abschnitt
- Sexualität und endokrines System
- Wissenschaftliches Arbeiten II – Praxis und Präsentation wissenschaftlicher Arbeit
- Vertiefung/Wahlpflicht I

7. Semester:

- Erkrankungen des Thorax
- Erkrankungen des Abdomens
- Erkrankungen der Extremitäten
- Vertiefung/Wahlpflicht II

8. Semester:

- Erkrankungen des Kopfes, Halses und endokrinen Systems
- Neurologische Erkrankungen
- Psychiatrische Erkrankungen
- Vertiefung/Wahlpflicht III

9. Semester:

- Schwangerschaft, Geburt, Neugeborene, Säuglinge
- Erkrankungen des Kindesalters und der Adoleszenz
- Geschlechterspezifische Erkrankungen
- Vertiefung/Wahlpflicht IV

10. Semester:

- Alter, Tod und Sterben, Recht, Intensivmedizin, Palliativmedizin
- Blockpraktikum Allgemeinmedizin, Notfallmedizin, »Paperwork«, Schnittstellen
- Blockpraktika Innere, Chirurgie, Pädiatrie, Gynäkologie
- Wissenschaftliches Arbeiten III – Wissenschaftliches Arbeiten im klinischen Alltag

Wie Du siehst, ist der Aufbau im Grundsatz nicht völlig anders als der des Regelstudiengangs. Was Du aber jetzt sicherlich vermisst, sind die Kurse in Anatomie, Histologie, Biochemie und Physiologie. Was ist mit diesen Fächern? Sie sind in die einzelnen Blöcke integriert. Wenn da also ein Block »Bewegung« heißt, so kannst Du davon ausgehen, dass Du hier sowohl die Anatomie als auch die Physiologie des Bewegungsapparates durchnehmen wirst. Der Ansatz ist jedoch etwas ganzheitlicher. Aus eigener Anschauung kann ich Dir sagen, dass wir im Reformstudiengang nie so in die Tiefen der vorklinischen Fächer eingestiegen sind, wie das im Regelstudiengang der Fall ist. Es hat uns allen nicht geschadet. Man muss nämlich noch eine kleine Kleinigkeit zum Berliner Reform- und auch Modellstudiengang wissen: Es gibt kein Physikum.

Kein Physikum? Genau, dieser Lernmarathon samt Gewaltmarsch durch alle vorklinischen Fächer bleibt Dir hier erspart. Es ginge auch gar nicht, wie Du feststellen wirst, wenn Du Dir nochmals den Aufbau des Studienganges ansiehst. Nach vier Semestern bist Du durch die verzahnte Unterrichtsweise von Klinik und Vorklinik noch gar nicht mit dem ganzen vorklinischen Stoff durch. Man verzichtet daher gleich ganz auf diese Prüfung. Nun ist es nicht so, dass Du deshalb nicht geprüft wirst. Es finden auch hier schriftliche und mündlich-praktische Prüfungen am Semesterende statt und so ganz ohne Lernen wirst Du auch diese nicht meistern können.

Ich habe das Physikum damals im Reformstudiengang Medizin auch nicht ableisten müssen. Es hat mir mit Sicherheit nicht geschadet. Ich fand es nur lästig, dass ich, wenn ich von Bekannten auf mein Studium angesprochen wurde, zumindest in den ersten Semestern immer erklären musste, dass diese der Allgemeinheit anscheinend sehr gut bekannte Prüfung nicht zu meinem Studiengang gehörte. Deine Kenntnisse im Bereich der Vorklinik werden am Ende des Studiums mit Sicherheit nicht an die Deiner Kommilitonen aus dem Regelstudiengang heranreichen. Das ist aber auch nicht schlimm. Das Medizinstudium in Deutschland gehört jetzt endlich mal entrümpelt. Das Wissen in der Medizin verdoppelt sich alle paar Jahre. Die Schwerpunkte müssen einfach im Laufe der Zeit anders gelegt werden. In den USA ist es schon lange so, dass man von der ausufernden Tiefe in den Grundlagenfächern abgekommen ist. Die Schwerpunkte, die Du in einem Modellstudiengang setzt, vor allem, was die Soft Skills anbelangt, werden Dir in Deiner zukünftigen Tätigkeit als Arzt viel mehr bringen als das fehlerfreie Aufsagen des Citronensäurezyklus.

4
PRAKTIKA WÄHREND DES STUDIUMS

4.1
DIE FAMULATUR

Eine Famulatur ist ein klinischer Einsatz. Ähnlich dem Blockpraktikum bist Du hier über einen mehr oder weniger langen Zeitraum auf einer Station oder in einer Praxis eingesetzt. Die Vorgaben sind hier von Landesprüfungsamt zu Landesprüfungsamt etwas unterschiedlich. Für alle Bundesländer gilt, dass Du vier Monate absolvieren musst. Diese kannst Du natürlich nicht am Stück absolvieren, Du wirst Deinen Einsatz also splitten müssen. Du kannst mit Deinen Famulaturen nach dem Physikum beginnen und musst sie bis zum Praktischen Jahr beendet haben, sonst wirst Du nicht zum zweiten Abschnitt der ärztlichen Prüfung beziehungsweise zum Praktischen Jahr zugelassen. Du kannst die vier Monate beispielsweise auf viermal einen Monat aufteilen. Erkundige Dich bei Deinem Landesprüfungsamt nach den Vorgaben, manchmal gibt es da Überraschungen, auf die man nicht kommen würde, beispielsweise zur Mindestdauer einer Famulatur. Es kann zum Beispiel sein, dass eine Famulatur mindestens dreißig Tage dauern muss. Hast Du dann nur vier Wochen absolviert, fehlen Dir zwei Tage und die gesamte Famulatur wird unter Umständen nicht anerkannt. Solche Feinheiten können Dich am Ende ein ganzes Semester kosten. Es ist hier übrigens unerheblich, ob Du im Regel- oder in einem Modellstudiengang studierst. Famulaturen und Praktisches Jahr müssen alle gleichermaßen absolvieren.

Die **APPROBATIONSORDNUNG FÜR ÄRZTE** sagt zum Thema Famulatur Folgendes:[14]

§ 7
FAMULATUR

1) Die Famulatur hat den Zweck, die Studierenden mit der ärztlichen Patientenversorgung in Einrichtungen der ambulanten und stationären Krankenversorgung vertraut zu machen.

2) Die Famulatur wird abgeleistet

1. für die Dauer eines Monats in einer Einrichtung der ambulanten Krankenversorgung, die ärztlich geleitet wird, oder einer geeigneten ärztlichen Praxis,
2. für die Dauer von zwei Monaten in einem Krankenhaus oder in einer stationären Rehabilitationseinrichtung und
3. für die Dauer eines Monats in einer Einrichtung der hausärztlichen Versorgung.

14 Quelle: Approbationsordnung für Ärzte

Wo Du Deine Famulatur absolvierst, kannst Du nach Deinen eigenen Neigungen auswählen. Vielleicht möchtest Du auch ins Ausland gehen. Die Landesprüfungsämter haben meist Listen, in denen die Kliniken aufgelistet sind, in denen Du Deine Famulatur ableisten darfst. Auch hier ist Verhandlungsgeschick gefragt. Ich selbst habe eine Famulatur in einer Klinik in Irland absolviert, die nicht beim Berliner Landesprüfungsamt registriert war. Wenn die Klinik gewisse Grundvoraussetzungen erfüllt, ist das in der Regel trotzdem möglich. Aber auch hier kann ich nur vor allzu viel Blauäugigkeit warnen, lieber vorher beim Landesprüfungsamt nachfragen. Es ist sinnvoll, sich die Famulaturen nach dem Ableisten gleich vom Landesprüfungsamt schriftlich absegnen zu lassen. Dann gibt es kurz vor Schluss keine bösen Überraschungen. Du wirst während Deines Studiums bestimmt den einen oder anderen Studenten kennenlernen, der wegen eines fehlenden Stempels des Landesprüfungsamtes zu irgendeiner Prüfung nicht zugelassen wird und dann ein oder zwei Semester warten muss. Die Famulaturen können im Übrigen auch nur während der vorlesungsfreien Zeit absolviert werden, sprich in den Semesterferien. Eine Famulatur im Ausland lässt sich da gleich noch mit ein wenig Urlaub verknüpfen. Auf die wichtigsten Dinge, die Du bei Auslandsaufenthalten während Deines Studiums beachten musst, gehe ich in Kapitel 10 *Dann heile ich jetzt mal woanders – Auslandsaufenthalte* noch genauer ein.

Eine Famulatur soll Dir nicht nur praktische Fertigkeiten und erste Erfahrungen in der ärztlichen Tätigkeit vermitteln, sondern Dir auch die Möglichkeit geben, herauszufinden, welche Fächer Dir gefallen könnten. Die Fächer Innere Medizin und Chirurgie musst Du im Praktischen Jahr als Pflichtfächer belegen, daher ist es sinnvoller, die Famulaturen in anderen Fächern zu absolvieren. Gerade Deine ersten Famulaturen solltest Du möglicherweise auch danach auswählen, welche Fächer Du im Studium schon durchgenommen hast. Es macht Dir sicherlich mehr Spaß, wenn Du Dich schon ein bisschen mit dem Fach auskennst. Außerdem schont es die Nerven des Dir zugeteilten Assistenzarztes, wenn er Dir nicht erst noch die Grundlagen seines Fachs erklären muss.

Trotz allem bist Du natürlich relativ frei bei der Auswahl Deiner Famulaturstelle. Relativ bedeutet, dass ein Monat der Famulatur im ambulanten Bereich abgeleistet werden muss. Und ambulant bedeutet seit Neuestem sogar, dass Du die Famulatur bei einem niedergelassenen Arzt absolvieren musst. Zuvor musstest Du lediglich im ambulanten Bereich eine Famulatur ableisten, also zum Beispiel in einer Rehaeinrichtung. Das geht nach einer Änderung der **APPROBATIONSORDNUNG AUS DEM JAHRE 2012** nun nicht mehr.[15]

Das Interesse an der Allgemeinmedizin geht unter Berufsanfängern seit Jahren kontinuierlich zurück und die erzwungene Praxisfamulatur ist sicher auch Teil der Strategie, den Beruf Hausarzt für junge Ärzte attraktiver zu machen und gezielt Nachwuchs anzuwerben. Du musst Deine Famulatur in einer sogenannten »hausärztlichen Versorgungseinrichtung« machen. Hierzu gehören Allgemeinärzte, Kinderärzte und Internisten ohne Schwerpunktbezeichnung.

Wie findest Du eine Famulaturstelle? Mundpropaganda ist sicherlich nicht schlecht. Frag mal Deine Kommilitonen, wo sie gute Erfahrungen gemacht haben. Die Bewerbung selbst ist meist

15 Quelle: www.umwelt-online.de/PDFBR/2012/0674_2D12.pdf (abgerufen 12. Dezember 2013)

recht informell. Oft reicht eine E-Mail an die entsprechende Abteilung mit der Frage, ob Du von diesem bis zu jenem Zeitpunkt als Famulant kommen darfst. Meistens ist das kein Problem. Allerdings nehmen die Abteilungen für gewöhnlich nur eine begrenzte Zahl an Studenten auf, sodass Du Dich nicht erst drei Tage vor dem gewünschten Famulaturbeginn bewerben solltest. Gerade in besonders begehrten Abteilungen sind dann unter Umständen schon alle Plätze belegt.

Bei der Wahl des Krankenhauses gilt Folgendes: In einem großen Haus siehst Du mehr, bist aber oft ein Famulant unter vielen und die Motivation der Ärzte dort ist möglicherweise nicht ganz so hoch, wenn es darum geht, Dir etwas beizuspringen. Oftmals sind die Kollegen an kleinen Häusern erfreuter, wenn sie einen Studenten zu Gesicht bekommen und lassen Dich möglicherweise auch mehr machen. Vielleicht probierst Du einfach beides aus – den Maximalversorger und das kleine Kreiskrankenhaus. So kannst Du Dir schnell Dein eigenes Urteil bilden.

Was musst Du bei den Famulaturen beachten? Eigentlich nicht viel. Die gängigen Umgangsformen des Miteinanders sind Dir ja sicherlich bekannt. Es ist wichtig, sich immer brav überall vorzustellen, sonst reagiert vor allem das Pflegepersonal sehr empfindlich. Das ist ja auch irgendwie verständlich, schließlich steht aus deren Sicht da plötzlich jemand Neues und will mitmachen. Wenn die Pflegekraft dann nicht weiß, in welcher Funktion Du da eigentlich mitspielen willst und was Du konkret machst, kann das schnell zu Verstimmungen führen.

!

Tipp: Gerade im OP ist die Vorstellungsrunde äußerst wichtig und mehr als nervig, schließlich sehen mit Haube und Mundschutz alle irgendwie gleich aus und man kommt nicht umhin, sich allen und jedem mindestens dreimal vorzustellen. Tu es einfach, auch wenn es Dich schon nach dem zweiten Tag nervt. Du bist auf das Wohlwollen des Personals angewiesen. Der Grad an Verständnis für Deine Situation variiert. Ich persönlich gestehe es Famulanten gern zu, dass sie sich möglicherweise nicht erinnern, ob sie sich jetzt bei mir schon vorgestellt haben oder nicht und ich fange nicht gleich an zu hyperventilieren, wenn sich jemand nicht mindestens dreimal devot vor mir auf den Boden wirft. Aber andere werten eine vergessene Vorstellung durchaus als Affront und lassen Dich Deinen Fauxpas vier Wochen lang spüren. Tu Dir also selbst den Gefallen und sag lieber einmal zu oft Deinen Namen. Mit der Zeit lernt man auch, die Leute trotz der grünen Verkleidung auseinanderzuhalten.

Deine Aufgabe während der Famulatur ist es in erster Linie, etwas zu lernen. Vergiss das nicht. Es ist nicht Deine Aufgabe, den Assistenzärzten die lästigen Blutabnahmen abzunehmen. Natürlich sollst Du bei der Stationsarbeit mithelfen und Blutabnahmen gehören da nun einmal auch dazu, jedoch gilt hier das Gleiche wie auch bei den Blockpraktika – eine Hand wäscht die andere. Idealerweise ist Dir ein fester Ansprechpartner zugeteilt, der sich um Dich und Deine Ausbildung kümmert. Es schadet aber auch nicht, ein bisschen Eigeninitiative zu zeigen. Am besten äußerst Du gleich zu Beginn Deine Erwartungen und erarbeitest mit Deinem Mentor einen Plan, wann Du was machen kannst. Das wird nicht immer so funktionieren, Du solltest jedoch sehr darauf bedacht sein, dass Du nicht einfach nur mitläufst. Notfalls überlegst Du Dir einfach selbst, was Du noch gern machen würdest und sprichst es gezielt an. So wird es beispielsweise sicher kein Problem sein, mal bei einer Gastroskopie (Magenspiegelung) zuzusehen. Dass Du selbst mal das Gastroskop (das große schwere Gerät) halten darfst, wird eher unwahrscheinlich sein, also pass Deine Wünsche lieber den Gegebenheiten an. Wenn das Team sehr motiviert ist, lässt man Dich vielleicht sogar selbst einen Patienten betreuen. Das könnte so aussehen, dass Du den Patienten aufnimmst, Dir Gedanken über die weitere Diagnostik und Therapie machst und dies alles dann mit einem Assistenzarzt besprichst. Außerdem stellst Du den Patienten dann jeden Tag bei der Visite vor und schreibst am Ende mit etwas Hilfe den Abschlussbericht. Das eigenständige Betreuen von Patienten ist nicht überall üblich, aber es lohnt sich auf jeden Fall, danach zu fragen. Du lernst so mehr, als wenn man Dich immer nur selektiv die gleiche Tätigkeit machen lässt (beispielsweise, wenn Du immer nur die Aufnahmeuntersuchung durchführen darfst und in die weitere Therapie nicht miteinbezogen wirst).

Insgesamt ist die Bandbreite Deiner möglichen Tätigkeiten sehr groß. Es kommt sicherlich auch mit darauf an, wie Du Dich anstellst und ob die Chemie zwischen Dir und den Dir zugeteilten Ärzten stimmt. Ich habe schon besonders begabte Famulanten kleine OPs durchführen sehen (auch wenn man als Anästhesist da fast einen Herzinfarkt bekommt), prinzipiell ist also alles möglich. Zu fordernd solltest Du allerdings auch nicht auftreten, denn die spöttische Bezeichnung »Chefarzt im Praktikum« wirst Du so schnell nicht wieder los.

! **Tipp:** Eine Famulatur in der Anästhesie lohnt sich auf jeden Fall. Wenn Du im OP bist, dann steht Dir den ganzen Tag über ein Anästhesist zur Seite. Diese Eins-zu-eins-Betreuung bekommst Du sonst nirgends!

4.2 DAS PRAKTISCHE JAHR

Das Praktische Jahr steht ganz am Ende Deines Studiums. Nachdem Du fünf Jahre an der Uni verbracht hast, gehst Du jetzt für ein Jahr in die Klinik und arbeitest dort als **PJler,** wie die Studenten im praktischen Jahr gemeinhin genannt werden. Das Praktische Jahr ist unterteilt in drei Tertiale von je 16 Wochen. Davon muss ein Tertial im Fach Innere Medizin und eines im Fach Chirurgie abgeleistet werden. Das dritte Tertial ist Dein Wahlfach (die Reihenfolge ist allerdings nicht festgelegt). Hier gilt in Bezug auf die Klinikgröße das Gleiche wie für die Famulatur, es hat alles seine Vor- und Nachteile. Wenn Du schon weißt, welches Fach Du mal machen möchtest, so kann das PJ ganz gut für die Kontaktanbahnung in Hinblick auf eine spätere Anstellung sein. Gerade wenn Du an einem Universitätsklinikum arbeiten möchtest oder in einem Großkrankenhaus in einem Ballungsgebiet, kann es nur von Vorteil sein, wenn Du Dir während Deines Tertials einen guten Ruf erarbeitet hast. Nicht wenige kommen mit einem Arbeitsvertrag in der Tasche aus ihrem PJ-Tertial. Das heißt allerdings nicht, dass Du keine Anstellung findest, wenn Du Dich woanders bewirbst.

Nicht immer läuft es so, wie man es sich vorstellt, und vielleicht stellst Du ja auch selbst fest, dass Du nach dem PJ zum Beispiel noch immer unbedingt Gynäkologie machen möchtest, nur eben nicht an Krankenhaus xy.

Wenn Du später Deine Facharztausbildung weder in Innere Medizin noch in Chirurgie machen möchtest, so wäre es günstig, wenn Du im PJ Dein Wahlfach auch in dem Fachbereich absolvierst, in dem Du Dich später spezialisieren möchtest. Als Berufsanfänger musst Du Dein Fach sowieso noch einmal komplett neu lernen, das weiß auch Dein zukünftiger Chef. Wenn der Chef der urologischen Abteilung eines Großklinikums allerdings vier Bewerber hat, die frisch von der Uni kommen und drei davon haben ihr Praktisches Jahr in der Urologie abgeleistet und nur Du hast Augenheilkunde gemacht, dann brauchst Du einige ziemlich gute Argumente, um zu erklären, warum er jetzt Dich wählen soll und nicht einen der Bewerber, mit denen er nicht komplett bei null anfangen muss. Es gibt sicherlich auch Argumente, die dafür sprechen, ein anderes Fach zu wählen als Dein Wahlfach – einige sagen beispielsweise, sie wollen unbedingt Anästhesist werden und das machen sie dann noch die nächsten vierzig Jahre, da kann es nicht schlecht sein, das Praktische Jahr zum Beispiel im Bereich Kinderheilkunde zu absolvieren. Das kann man dann später im Notarztdienst gut gebrauchen.

Die Unterscheidung zwischen PJler und Famulant ist im klinischen Alltag meistens eher unscharf. Normalerweise wirst Du aber als PJler mehr Aufgaben übertragen bekommen als ein Famulant, da Du ja viel länger in der Abteilung bist. Es gibt Häuser, in denen die Patientenversorgung ohne PJler zusammenbrechen würde.

Das kann Vor- und Nachteile haben. Bist Du gleich voll ins Team eingebunden, hast Du die Möglichkeit, unglaublich viel zu lernen. Ist die Besetzungssituation auf Station allerdings sehr knapp kalkuliert, hast Du vielleicht viele Aufgaben, lernst aber nicht viel, weil niemand Zeit hat, Dir etwas zu erklären. Idealerweise hast Du eigene Patienten, die Du betreust und die Du täglich mit einem Assistenz- oder Oberarzt besprichst. Bei einem PJ-Tertial in der Anästhesie ist es in unserem Haus beispielsweise so, dass die PJler die ersten acht Wochen im OP und den zweiten Teil auf der Intensivstation verbringen. Im OP dürfen PJler unter Aufsicht nach einiger Zeit dann auch einfache Narkosen durchführen. Auf der Intensivstation haben sie ein oder zwei Patienten, die während der Visite vorgestellt werden müssen. Hier funktioniert das Konzept mit den eigenen Patienten naturgemäß nicht so gut, da die Fälle in der Regel zu komplex sind und Behandlungsentscheidungen eh in großer Runde getroffen werden. In einigen Häusern werden auch PJler zu Diensten eingeteilt. Möglicherweise musst Du also auch schon im Praktischen Jahr Nachtdienste ableisten.

Während des Praktischen Jahres arbeitest Du zwar voll, bist aber noch Student und wirst damit auch nicht bezahlt. Das ist hart, zumal wenn man sich nebenbei dann noch seinen Lebensunterhalt verdienen muss. Hier hast Du keine Semesterferien mehr, in denen Du mal eben vier Wochen lang Dauernachtwache machen kannst, um wieder etwas Geld in die Kasse zu spülen. Seit einigen Jahren hat daher auch bei den Krankenhäusern ein Umdenken eingesetzt. Einige Kliniken bezahlen PJlern ein Taschengeld von dreihundert bis fünfhundert Euro. Meist sind das Kliniken außerhalb von Ballungsgebieten, die zudem oft auch noch eine kostenlose Unterkunft und manchmal sogar noch die Übernahme von Fahrtkosten für Heimfahrten am Wochenende anbieten. Auch einige großstädtische Kliniken bieten mittlerweile ein Taschengeld an, oftmals beschränkt sich die liebevolle Zuwendung hier jedoch auf ein kostenloses Mittagessen. Unter **www.pj-ranking.de** findest Du eine gute Übersicht über die verschiedenen Kliniken und was Du dort erwarten kannst.

Fortbildungen für PJler gibt es an nahezu allen Kliniken. Meist gibt es hier einen EKG-Kurs oder einen Kurs in der Interpretation der Bildgebung. Gleichzeitig gibt es auch eine fachspezifische Weiterbildung.

Während des PJs stehen Dir laut **APPROBATIONSORDNUNG**[16] insgesamt dreißig Arbeitstage Fehlzeit zur Verfügung. Allerdings dürfen in einem Tertial maximal zwanzig Fehltage anfallen. Diese Fehltage decken Krankheit und andere triftige Gründe ab, sie sind nicht als Urlaubstage gedacht. Zudem gibt es pro Woche einen Studientag, an dem Du nicht in die Klinik kommen musst, sondern Dich dem Selbststudium widmest (zumindest in der Theorie). Ob Dir der Studientag gewährt wird, hängt ein wenig von dem Haus und der Abteilung ab. Wenn Du ein PJ-Tertial im Ausland verbringst, wirst Du dort wahrscheinlich keinen Studientag durchsetzen können. Auf die Auslandsaufenthalte während des Studiums wird in Kapitel 10 *Dann heile ich jetzt mal woanders – Auslandsaufenthalte* noch gesondert eingegangen.

Jede Uni hat Lehrkrankenhäuser, an denen Du Dein Praktisches Jahr absolvieren musst. Die meisten Krankenhäuser sind an irgendeine Universität angebunden, also musst Du keine Sorge haben, dass ein Mangel an Ausbildungsplätzen herrschen könnte.

---

16 Quelle: Approbationsordnung für Ärzte

Wenn Du ein Tertial innerhalb Deutschlands an einer anderen Uni absolvieren möchtest (wenn Du also beispielsweise in Berlin studierst, aber in Köln Dein Innere-Tertial ableisten möchtest), so ist das prinzipiell möglich, allerdings musst Du Dich dann bei der Vergabe der PJ-Plätze hinten anstellen. Das ist in den vergangenen Jahren insoweit leichter geworden, als dass Du Dich nicht mehr an einer anderen Uni immatrikulieren musst, wenn Du dort Dein PJ machen möchtest (das nennt sich »PJ-Mobilität«). Ab 2014 wird es so sein (nach § 9 Satz 1, ÄAppO), dass Du als externer Bewerber, auch wenn Du Dich zum PJ hin an einer anderen Universität immatrikulierst, den zweiten Abschnitt des Staatsexamens (die Prüfung vor dem PJ) an Deiner Heimatuniversität ableisten musst.

Auch hier musst Du darauf achten, dass Du Dir zeitnah alle Tertiale bescheinigen lässt, vor allem Auslandstertiale solltest Du Dir sofort vom Landesprüfungsamt absegnen lassen. Fehlt irgendwo ein Stempel, kann Dich das am Ende ein ganzes Semester kosten.

Das PJ ähnelt schon mehr dem Arbeitsleben als dem Studium. Wenn das Jahr rum und die letzte Prüfung geschafft ist, wird es Dir daher auch nicht sonderlich schwerfallen, Dich an Deinen Arbeitsalltag als Arzt oder Ärztin zu gewöhnen. Nach nunmehr sechs Jahren Ausbildung wird es dann ja auch langsam Zeit.

4.3 ZUSAMMENARBEIT MIT DEM PFLEGEPERSONAL

Vielleicht fragst Du Dich, warum ein ganzes Kapitel der Zusammenarbeit mit dem Pflegepersonal gewidmet ist. Wenn Du Deine ersten Praktika hinter Dich gebracht hast, fragst Du Dich das nicht mehr.

Es herrscht in Kliniken oftmals eine »Ihr«-und-»wir«-Mentalität. Auch wenn die Zusammenarbeit vielleicht ganz toll klappt, so wirst Du oftmals feststellen, dass insbesondere das Pflegepersonal darauf achtet, zwischen »den Ärzten« und »der Pflege« zu unterscheiden und nicht müde wird, Dich daran zu erinnern, dass Du zum anderen Verein gehörst. Gerade im Nachtdienst, wenn Du allein bist und die Pflegekräfte zu mehreren sind, wird Dir dieser Unterschied deutlich bewusst.

Es ranken sich auch viele Mythen um die Zusammenarbeit von Ärzten und dem Pflegepersonal. Dass der junge Assistenzarzt immer mit der Schwesternschülerin ... ist dabei ein ebenso widerlegbares Gerücht wie das, dass Studenten immer besonders unter den OP-Schwestern zu leiden hätten. Vor allem Letzteres hat mir vor meinen ersten Einsätzen im OP große Angst gemacht. Im Nachhinein kann ich sagen, dass an dem Mythos vom studentenfressenden Drachen in OP-Kleidung nur selten was dran ist. Zu mir war weder während des Studiums noch danach jemals eine OP-Schwester ungerechtfertigt unfreundlich oder hat mich mit Desinfektionsmittel drangsaliert. Aber hier gilt genau wie auf Station: Wie es in den Wald hinein schallt ...

Wenn Du Dich einmal in die Lage des Pflegepersonals versetzt, so ist das ja auch nachzuvollziehen. Wenn Schwester Ulla seit zwanzig Jahren in der Kardiologie arbeitet, so kannst Du davon ausgehen, dass sie sich in der Kardiologie auskennt. Mag sein, dass Du Dich als Student oder junger Arzt mit den Grundlagen besser auskennst und einen breiteren Überblick über die medizinischen Fächer im Allgemeinen hast, aber es wird eine Weile dauern, bis Du von Kardiologie auch nur ansatzweise so viel verstehst wie Schwester Ulla, insbesondere was den klinischen Blick angeht. Wenn Dir Schwester Ulla sagt, der Herr Mayer auf Zimmer zehn gefiele ihr heute überhaupt nicht, so tust Du gut daran, Dir den Herrn Mayer mal ganz genau anzusehen. Auch wenn Dir Schwester Ulla vielleicht nicht sagen kann, was genau ihr da jetzt nicht gefällt, sie hat sicherlich schon mehr Patienten gesehen, die von jetzt auf gleich wiederbelebt werden mussten als Du. Auch in den Famulaturen und im PJ tust Du gut daran, den Wissensvorsprung des Pflegepersonals in seinem Fachgebiet anzuerkennen und nicht so aufzutreten, als wüsstest und könntest Du schon alles. Denn das Pflegepersonal kann Dir das Leben verdammt schwer machen, wenn es Dich nicht mag. Gleichzeitig kannst Du viele praktische Tipps von der Pflege bekommen, wenn Du Engagement zeigst und nicht überheblich auftrittst.

Als junger Arzt merkst Du das vor allem nachts. Das Legen von Zugängen und das Blutabnehmen sind hierzulande leider ärztliche Tätigkeiten, auch wenn diese prinzipiell delegierbar sind. Das heißt, wenn Du weißt, dass Schwester Ulla einen Zugang legen kann, dann darfst Du sie das auch machen lassen. Heute sind Blutabnehmen und das Legen von Zugängen nicht mehr Bestandteil der pflegerischen Ausbildung, aber die erfahreneren Schwestern und Pfleger können das noch immer. Typisch ist dann, dass man Dich nachts um drei anruft um Dir zu sagen, dass die Nadel bei Herrn Schulze »para« läuft (also ins Gewebe und nicht in die Vene) und Du jetzt bitte sofort kommen sollst, um eine neue zu legen, weil Herr Schulze doch sein Antibiotikum braucht. Wenn Du Dich von Anfang an respektvoll verhalten hast und Schwester Ulla gerade Dienst hat, dann macht sie es wahrscheinlich selbst, denn sie mag Dich ja ganz gern und Du tust ihr auch leid, weil Du schon seit 18 Stunden im Dienst bist und Dich gerade vor einer halben Stunde das erste Mal hingelegt hast. Führst Du Dich aber so auf, als wärest Du schon als Facharzt geboren und hattest bereits in der ersten Klasse mehr Ahnung von Medizin als alle Pflegekräfte zusammen, so besteht die berechtigte Chance, dass Schwester Ulla ganz schnell vergessen hat, wie das mit dem Zugänge legen noch mal war. Ist ja auch ärztliche Tätigkeit, nicht wahr, Herr Doktor? Und wo Du gerade dabei bist, kannst Du auch gleich noch die Antibiosen auf den Zimmern sieben, neun und 15 anhängen, ist ja auch eigentlich ärztliche Tätigkeit.

Wenn die Pflegekräfte Dich mögen, geben sie Dir auch gern den einen oder anderen Tipp, der Gold wert ist. Oder sie bewahren Dich vor krassen und manchmal auch fatalen Fehlentscheidungen – oder eben nicht. Wenn Du Herrn Mayer unbedingt das falsche Medikament spritzen möchtest, weil Du nachts um drei nicht mehr klar denken kannst und eigentlich sowieso nicht weißt, was Du da gerade tust – bitte schön. Schwester Ulla kann Dir da beistehen, muss sie aber nicht. Du bist der Arzt, Du bist allein verantwortlich für das, was Du da tust. Die Pflegekraft muss Dich auf Fehler nicht aufmerksam machen. Du denkst, so was passiert nicht? Dann irrst Du Dich leider. Du tust also gut daran, Dir im Pflegepersonal keine Feinde zu machen. Natürlich kann man sich nicht immer mit allen gleichermaßen gut verstehen, aber die wenigsten Menschen sind von Grund auf bösartig. Mit den meisten ist ein gutes Auskommen durchaus möglich.

Das soll jetzt nicht heißen, dass Du zu jedem Dienst einen selbstgebackenen Kuchen mitbringen und den Schwestern jeden Morgen einen frischgebrühten Espresso hinstellen musst, damit sie Dich auch ja nett finden. Es ist völlig ausreichend, ein professionelles Verhalten an den Tag zu legen und nicht von vornherein die Meinung der Pflegekraft als irrelevant einzustufen, weil er oder sie ja nicht Medizin studiert hat. Natürlich gibt es in der Pflege (wie auch unter Ärzten) solche und solche. Von den einen würde man sich sofort behandeln lassen und andere haben nicht mal das Grundsätzliche ihres Fachs verstanden, meinen aber, Dir trotzdem die ganze Zeit erzählen zu müssen, wie es läuft. Wem man aber fachlich über den Weg trauen kann und wem nicht, kriegst Du ganz schnell mit.

Natürlich wird ein Kuchen auch gern angenommen – gerade als Student solltest Du auf Deine Backkünste vertrauen, wenn Du irgendwas das erste Mal erfolgreich gemacht hast (zum Beispiel eine Lumbalpunktion oder Ähnliches) oder wenn Du Dich an Deinem letzten Tag für das freundliche Miteinander bedanken möchtest. Solltest Du ein frisch bezogenes Bett bei einer allzu ambitionierten Blutabnahme mit Blut versauen, ist übrigens für gewöhnlich mindestens eine Tüte Gummibärchen fällig, also schaff Dir entweder schon mal einen großen Vorrat an Gummibärchen an oder leg anfangs einfach eine Unterlage drunter.

4.4
DU ODER SIE?

Eine Frage, die man sich auch oft stellt, ist die, wie man das mit dem Du oder Sie handhabt. Hier gibt es nur generelle Richtlinien, aber die zu kennen, ist schon mal hilfreich. Unter Studenten duzt man sich immer. Unter Assistenzärzten und mit Studenten der eigenen Abteilung ist es für gewöhnlich üblich, sich zu duzen. Assistenten verschiedener Fachabteilungen, die so etwa ein Alter haben, duzen sich auch meist. Oberärzte werden von allem, was hierarchisch darunter angesiedelt ist, für gewöhnlich gesiezt. In der eigenen Abteilung musst Du einfach warten, was man Dir anbietet. Jüngere Oberärzte duzen oft noch ihre Assistenzärzte, aber nicht ihre Studenten. Den Chef solltest Du niemals duzen, das kommt nicht gut an.

Beim Pflegepersonal kommt das ein bisschen auch auf Dich selbst an. Meistens duzt man sich, vor allem, wenn man noch Berufsanfänger oder Student ist. Oft fragt einen das Pflegepersonal, wie man es denn handhaben möchte. Es gibt aber auch Pflegekräfte, die prinzipiell die Ärzte siezen, vor allem, wenn der Altersunterschied recht groß ist. Wenn dann neue (und vor allem sehr junge) Pflegeschüler in die Abteilung kommen, so fällt mir auf, dass die prinzipiell die Ärzte siezen, auch dann, wenn man sie penetrant duzt. Im Rettungswesen hingegen duzt man sich (fast) immer und durch alle Hierarchiestufen hindurch. Wenn Du Dir unsicher bist, so warte ab, wie Dich Dein Gegenüber anspricht oder frage ganz einfach nach, wie das so in der Abteilung gehandhabt wird.

Anekdote: Ich hatte während des Studiums einmal einen POL-Tutor, der damals Oberarzt an der Uni war. In der POL-Gruppe war es üblich, sich mit den Tutoren zu duzen. Dieser Oberarzt wurde dann Chefarzt an der Klinik, in der ich ein PJ-Tertial absolvierte. Ich war anfangs sehr unsicher, wie ich ihn jetzt ansprechen sollte, denn ihn einfach so vor versammelter Mannschaft freundschaftlich mit dem Du anzureden, erschien mir irgendwie unpassend. Ihn plötzlich zu siezen, schien aber auch falsch, schließlich kannte man sich nach dem langen Miteinander in der Kleingruppe ja eigentlich ganz gut. Er hat das damals sehr elegant gelöst, indem er an meinem ersten Tag gleich in der Frühbesprechung sagte, dass er ja auch noch ein universitäres Leben vor seiner Chefarztstelle hatte und es daher sicherlich immer mal wieder Studenten gäbe, mit denen er per Du sei und das jetzt auch nicht ändern wolle. Man möge bitte darüber hinwegsehen. So war es dann auch, wir blieben beim Du und in der Abteilung hat das dann auch keinen mehr interessiert. Allerdings wurde ich immer wieder von Kollegen aus anderen Fachabteilungen angesprochen, wie es denn bitte dazu gekommen sei, dass ich mit dem Chef per Du bin. Daran zeigt sich, wie ungewöhnlich diese Konstellation ist, und es sagt viel über das hierarchische Gefüge im Krankenhaus aus.

5
DIE PRÜFUNGEN

Folgendes ist in der **APPROBATIONSORDNUNG** zu den Prüfungen vermerkt:

3) Die Ärztliche Prüfung nach Absatz 2 Nr. 5 wird abgelegt: der Erste Abschnitt der Ärztlichen Prüfung nach einem Studium der Medizin von zwei Jahren und der Zweite Abschnitt der Ärztlichen Prüfung nach einem Studium der Medizin von vier Jahren einschließlich eines Praktischen Jahres nach Absatz 2 Satz 1 Nr. 1 nach Bestehen des Ersten Abschnitts der Ärztlichen Prüfung.

Die in § 27 genannten Fächer und Querschnittsbereiche werden von der Universität zwischen dem Ersten Abschnitt der Ärztlichen Prüfung und dem Beginn des Praktischen Jahres geprüft.[17]

Was bedeutet das nun im Einzelnen? Darauf werde ich in den folgenden Abschnitten eingehen.

17 Quelle: Approbationsordnung für Ärzte

5.1
DAS PHYSIKUM

Wenn Du nicht das Glück haben solltest, an einer Uni zu studieren, die diese Prüfung im Rahmen eines Modellstudiengangs abgeschafft hat, wirst Du um das Physikum leider nicht herumkommen. Nach vier Semestern kannst zum Physikum antreten. Voraussetzung ist, dass Du bislang erfolgreich studiert hast, Deine Prüfungen bestanden und Deine Scheine gesammelt hast und so weiter. Ohne ein bestandenes Physikum kannst Du nicht weiter studieren. Du müsstest dann im nächsten Semester nochmals antreten.

Das Physikum teilt sich in einen schriftlichen und einen mündlichen Teil auf. Der schriftliche Teil ist deutschlandweit einheitlich, das heißt, egal ob Du in Hamburg oder München studierst, wirst Du die gleichen Fragen beantworten müssen. Wer denkt sich diese tiefgehenden Fragen an die Studentenschaft aus? Das ist das **INSTITUT FÜR MEDIZINISCHE UND PHARMAZEUTISCHE PRÜFUNGSFRAGEN (IMPP)**. Die Prüfung besteht zurzeit (Stand September 2013) aus 320 Multiple-Choice-Fragen aus den Fächer Psychologie/Soziologie (sechzig Fragen), Biochemie/Chemie (achtzig Fragen), Physiologie/Physik (achtzig Fragen) und Anatomie/Biologie (hundert Fragen). Geprüft wird jeweils an zwei Tagen über jeweils vier Stunden. Das heißt, Du hast neunzig Sekunden Zeit für jede Frage. Die Fragen sind Multiple-Choice-Fragen, daher rührt auch die Aussage »Ich muss noch ein paar Altklausuren kreuzen« – beliebte Vorbereitungsstrategie auf alle großen medizinischen Prüfungen.

Der mündliche Teil wird von den jeweiligen Landesprüfungsämtern organisiert. Geprüft wirst Du in den Fächern Anatomie, Physiologie und Biochemie von den Professoren Deiner Uni. Beide Teile, der schriftliche wie auch der mündliche, gehen je zur Hälfte in Deine Gesamtnote ein.

Das Physikum gilt ja immer so ein wenig als Nadelöhr des Medizinstudiums. Je nach Uni gibt es auch immer wieder das Gerücht, dass hier ordentlich »gesiebt« werde. Ob das so ist oder nicht, lässt sich im Einzelfall nur schwer belegen. Allerdings ist es schon informativ, mal zu gucken, wie viele Studienplätze es in der Vorklinik gibt und wie viele in der Klinik. Sollte hier eine deutliche Diskrepanz zwischen den beiden Zahlen herrschen (zu Ungunsten der Klinik), so kann man zumindest mal davon ausgehen, dass einige durchfallen müssen, damit diese Klinikplätze nicht überbelegt werden.

5.2 DAS HAMMEREXAMEN

Das Hammerexamen ist jetzt eigentlich auch kein Hammer mehr. Wie in den letzten Jahren zunehmend zu beobachten war, gibt es in der Medizinerausbildung derzeit den Drang, Dinge zu verändern, und sie so oftmals zu verbessern, manchmal aber auch zu verschlimmbessern. Die Sache mit dem Hammerexamen gehört in die letzte Kategorie. Zu meiner Zeit gab es (zumindest im Regelstudiengang) ein Physikum, dann kam das erste Staatsexamen, vor dem PJ das zweite Staatsexamen und nach dem PJ das dritte Staatsexamen. Das zweite »Stex«, wie es auch genannt wurde, war eine große schriftliche Prüfung, das dritte Stex hingegen nur mündlich (die drei PJ-Fächer plus ein zugelostes Fach).

Dann wurde alles vermeintlich besser mit der Einführung des Hammerexamens – statt auf drei Prüfungen verteilt, fragte man den ganzen Stoff lieber nach dem PJ auf einmal ab. Klingt unsinnig? Ist es auch. Es gab dabei nämlich vor allem zwei Probleme: das eine ist ein sehr offensichtliches – hier wird der Stoff aus vormals drei großen Prüfungen jetzt in eine einzige Prüfung gepackt. Die Zeit, die jeder Student dafür zum Lernen aufbringen konnte, ist allerdings nicht länger geworden. Somit erklärt sich auch der Begriff »Hammerexamen«. Ich war jedenfalls sehr froh, dass dieser Kelch gerade noch an mir vorüberging. Das zweite Problem ist nicht ganz so offensichtlich, nach Meinung vieler jedoch auch nicht zu unterschätzen – die Studenten gehen relativ unvorbereitet ins Praktische Jahr. Als ich zum Praktischen Jahr angetreten bin, hatte ich gerade das zweite Staatsexamen hinter mir – eine dreitägige schriftliche und eintägige mündliche Prüfung. Davor habe ich vier Monate lang jeden Tag mehrere Stunden gelernt, um mir das ganze (vor allem klinische) Faktenwissen in mein gemartertes Hirn zu pauken. So waren wir PJler damals naturgemäß unerfahren, das Basiswissen der einzelnen Fächer hatten wir allerdings sehr gut verinnerlicht.

Es kamen in den letzten Jahren zunehmend Beschwerden (von ärztlichen Kollegen und PJlern gleichermaßen), dass das Wissen der PJler in ihrem Fachgebiet doch sehr nachgelassen habe. Selbst kann ich das nur schwer beurteilen, denn ich habe als Ärztin eigentlich nur noch PJler kennengelernt, die das Hammerexamen schreiben mussten, somit fehlt mir der Vergleich. Jedenfalls hat sich die Einsicht langsam durchgesetzt, dass das Hammerexamen vielleicht doch keine so gute Lösung war, denn jetzt wird wieder alles anders. Es wird ab 2014 wieder einen zweiten Abschnitt der ärztlichen Prüfung geben, in dessen Rahmen an drei Tagen insgesamt 320 Multiple-Choice-Fragen zu beantworten sind. Der Schwerpunkt der Fragen soll auf Fallstudien liegen, die enthaltenen Fälle werden hierbei fächerübergreifend behandelt.

Der dritte Abschnitt der ärztlichen Prüfung findet nach dem Praktischen Jahr statt. Es wird eine mündlich-praktische Prüfung geben, die an zwei Tagen durchgeführt wird. Hier wird ein Patient untersucht und vom Studenten ein Bericht angefertigt, der die Anamnese, Diagnose, Prognose und einen Behandlungsplan des Patienten beinhaltet. Zusätzlich wird eine klassische mündliche Prüfung abgehalten. Eine gute Übersicht zu den Änderungen der Prüfungsordnung findet sich auf der Webseite des Georg Thieme Verlags.

▶ **www.thieme.de/viamedici/medizinstudium/appo/hammerexamen.html**

Insgesamt erinnert diese neue Prüfungsform doch sehr an das gute alte Stex; in leicht abgeänderter Reihenfolge musste ich genau solche Prüfungen auch schon durchlaufen. Über den Sinn und Unsinn solcher Prüfungen lässt sich bekanntlich streiten, es wird aber nichts an der Tatsache ändern, dass Du Dein Wissen in irgendeiner Form unter Beweis stellen musst, um als Arzt tätig werden zu dürfen.

Auch wenn noch kein Student zum jetzigen Zeitpunkt (September 2013) das neue Hammerexamen durchlaufen hat, so ist doch davon auszugehen, dass eine Sache wieder so sein wird wie zu meiner Zeit: bist Du erstmal im PJ, dann ist die Sache eigentlich in trockenen Tüchern. Damals galt die Regel: Im dritten Stex fällt keiner mehr durch. Man hat zu diesem Zeitpunkt schon so viele Prüfungen hinter sich gebracht, dass es an dieser Sache nun auch nicht mehr scheitern wird. Auch die Prüfer haben keine Lust, Dir den Weg ins Berufsleben zu erschweren, indem sie Dich einen Teil des PJs wiederholen und dann nochmals zur Prüfung antanzen lassen. Ganz davon zu schweigen, dass Du vielleicht schon einen Arbeitsvertrag unterschrieben hast und eine Woche später in der Klinik Deiner Wahl anfangen solltest. Das macht kein Prüfer gern. Deshalb ist die folgende Anekdote, die ich der Fairness halber hier einbringen möchte, auch umso schauerlicher.

Anekdote: Einige Wochen vor dem dritten Staatsexamen bekam ich die schriftliche Zulassung zusammen mit meinen Fächern (Innere Medizin, Chirurgie, Wahlfach Neurologie und Losfach Urologie) sowie den Namen meiner Mitprüflinge. Die anderen beiden Studenten, nennen wir sie Martin und Lisa, kannte ich bis dato nicht. Lisa und ich verstanden uns gleich super, wir wohnten nicht weit voneinander entfernt und trafen uns oft zum Lernen. Martin banden wir auch ein, so oft es eben ging. Allerdings war das Lernen mit Martin recht schwierig. Er versuchte, ganze Themenkomplexe wörtlich auswendig zu lernen, und wenn er eines von fünf Schlagworten nicht wusste, so konnte es passieren, dass er seine Sachen packte und nach Hause ging, weil er meinte, er müsse das jetzt gezielt wiederholen. Mein Eindruck war, dass er dazu neigte, sich in Details zu verrennen, ohne einen Blick für das Ganze zu haben.

In der Prüfung fragte immer ein Prüfer einen Kandidaten, dann ging es weiter zum nächsten Prüfling, diesmal mit einem anderen Prüfer und so ging es reihum. Am Ende war dann jeder von jedem einmal befragt worden. Ich war zuerst dran und wurde in Neurologie geprüft. Es gab hier keine bösen Überraschungen. Als Nächste war Lisa an der Reihe mit Chirurgie, auch hier gab es keine Probleme. Dann war Martin an der Reihe, von dem Urologen befragt zu werden. Jetzt begann das Drama. Martin wusste eigentlich gar nichts. Er konnte die einfachsten Fragen nicht beantworten, dabei war Urologie als zugelostes Fach doch besonders einfach. Der Prüfer hatte vorher sogar noch das Themengebiet genau eingegrenzt. Ich hatte mich zuvor auch ein wenig geärgert, weil Martin das Thema Gutartige Prostatavergrößerung an sich gerissen hatte und für Lisa und mich die wesentlich komplexeren Themen Blasen- beziehungsweise Prostatakrebs übrig blieben. Trotzdem wusste Martin zu dem Thema nicht viel zu sagen und redete die ganze Zeit am Prüfer vorbei. Die Fragen wurden einfacher und einfacher, trotzdem konnte Martin keine einzige Frage richtig beantworten. Irgendwann ließ der Prüfer resignierend vom ihm ab. So ging es weiter. Martin wusste nur selten eine Antwort und verrannte sich in unwichtige Details. Man merkte den Prüfern an, dass sie geradezu erleichtert waren, wenn sie mit ihm fertig waren und sich wieder Lisa und mir zuwenden konnten. Martins Unwissen tat mir leid, gleichzeitig fand ich es sehr quälend, mir diese Vorstellung ansehen zu müssen. Auch half es nicht gerade meiner Konzentration.

Ich hatte zu diesem Zeitpunkt ja schon einige Prüfungen durchlaufen, aber so etwas hatte ich noch nicht erlebt. Vor allem hätte ich nie gedacht, dass mich das Totalversagen eines anderen Prüflings während der Prüfung so extrem belasten würde. Als wir schließlich nach drei Stunden den Prüfungsraum verlassen durften, um den Prüfern Zeit zu geben, unsere Noten zu besprechen, hatte ich richtige Bauchschmerzen. Die Besprechung dauerte ewig. Normalerweise wird man nach fünf Minuten wieder hereingebeten, aber hier warteten wir sicher über zwanzig Minuten. Als wir schließlich wieder in den Prüfungsraum geholt wurden, sahen die Prüfer nicht sonderlich glücklich aus. Der Prüfungsvorsitzende räusperte sich und sagte dann: »Meine Damen, bei Ihnen ist die Sache recht einfach. Sie haben natürlich bestanden.« Lisa und ich sahen uns erleichtert an. Wir hatten es geschafft, wir waren Ärztinnen! Der Knoten in meinem Bauch blieb jedoch, denn was nun kam, war irgendwie unvermeidlich. Der Prüfungsvorsitzende wandte sich Martin zu. »Bei Ihnen denken wir, dass sie davon profitieren würden, wenn Sie noch mal ein halbes Jahr als Student im Praktischen Jahr verbringen und dann die Prüfung wiederholen.« Martin war tatsächlich durchgefallen. Es half alles nichts, Martin musste einen Teil des PJs wiederholen. Was aus ihm geworden ist, weiß ich leider nicht. Ich habe ihn danach aus den Augen verloren.

Diese Geschichte erzähle ich immer gern, wenn Leute sagen, dass man im letzten Prüfungsteil auf dem Weg zum Arztberuf nicht mehr durchfallen könne.

5.3 LERNSTRATEGIEN

Wie Du nun schon zur Genüge gehört hast, ist Medizin in erster Linie ein Lernfach. Du musst Dir viel Stoff in relativ kurzer Zeit merken können und hast dann genug Gelegenheit, den Stoff vor diversen Prüfern wiederzukäuen. Wie also gehst Du das am besten an?

Das liegt auch ein bisschen an Deiner Persönlichkeit. Was liegt Dir? Wo lernst Du am besten?

IN DER BIBLIOTHEK

Das ist natürlich ein klassisches Bild. Der Student sitzt in der Bibliothek und lernt aus Büchern. Die Bibliothek hat viele Vorteile. Du bist beispielsweise nicht so abgelenkt. Du kannst dem Drang, jetzt sofort Deine Wohnung putzen zu müssen, nicht so ohne Weiteres nachgeben. Du kannst natürlich die Regale der Bibliothek abstauben, aber wahrscheinlich wird auch der passionierteste Prokastinierer finden, dass das zu weit geht. Außerdem hast Du viele verschiedene Bücher zur Auswahl, wenn Du etwas in einem Buch nicht findest. Der Nachteil ist, dass die Bücher nicht Deine eigenen sind und Du wahrscheinlich recht schnell Ärger bekommst, wenn Du anfängst, darin herumzumalen. Du kannst natürlich Deine eigenen Bücher mitbringen, wenn Du das »Bib-Feeling« magst. Es gibt auch die Möglichkeit, sich mit ein paar Kommilitonen in der Bibliothek zu verabreden und dann gemeinsam den Stoff durchzugehen. Natürlich gibt es dann auch mehr Ablenkung, denn von der Diskussion über die Strukturformel der Alkohole ist es nur ein kurzer Weg zum

Rezitieren der besten Momente der Erstsemesterparty am vergangenen Wochenende. Persönlich habe ich in den ersten zwei Semestern häufig Zeit in der Bibliothek verbracht, danach dann nicht mehr. Oftmals gibt es an den Medizinischen Fakultäten auf dem Campus Lesesäle, die dann die gängigsten Werke in ausreichender Zahl vorrätig haben. Das Ambiente ist meist nicht ganz so schön wie in der Staatsbibliothek, aber wenn man mal eben zwei Stunden zwischen zwei Seminaren zu überbrücken hat und die Mensa noch nicht geöffnet ist, kann man es da schon mal eine Weile aushalten. Der Vorteil der Bibliothek oder des Lesesaals ist es auch, dass Du Dir nicht alle Bücher kaufen musst, sondern sie hier quasi gratis geliefert bekommst. Einige Kommilitonen haben bis zum bitteren Ende ihre Zeit in der Bibliothek verbracht, andere sind da schnell ausgestiegen. Ist halt auch wieder so eine Typsache.

ZU HAUSE

Zu Hause lernen hat viele Vorteile. Du kannst im Pyjama auf dem Bett sitzend lernen, Du kannst dabei so laut sein, wie Du willst, Du kannst Deinen Hund oder Dein Meerschweinchen jederzeit ausgiebig Gassi führen. Dies beschreibt auch die negativen Aspekte des Lernens zu Hause – Du bist maximal abgelenkt, vor allem, wenn Dich das, was Du lernen sollst, nicht sonderlich interessiert (und auch das kommt immer wieder mal vor). Auch musst Du sämtliche Literatur, die Du brauchst, zu Hause vorrätig haben. Ich war trotzdem immer ein Freund vom Lernen zu Hause. Ich konnte mich immer ausreichend motivieren. Du wirst es für Dich herausfinden müssen, welche Lernumgebung die beste für Dich ist.

WANN LERNE ICH AM BESTEN

?

Kurz vor dem Examen oder lieber kontinuierliches Lernen? Wenn Du Dich motivieren kannst, konsequent während des Semesters mitzulernen, so ist das natürlich super. Solltest Du in Anatomie permanent Testate bestehen müssen, kommst Du da eh nicht drum herum. Die meisten Menschen sind nicht so konsequent. Ich habe im Schnitt vier Wochen vor den Semesterabschlussprüfungen angefangen zu lernen, das hat auch immer gereicht. Für die großen Examina habe ich mehrere Monate eingeplant. Du wirst während des Studiums sehr schnell herausfinden, wie viel Vorbereitungszeit Du für die einzelnen Prüfungen brauchst.

DAS KREUZEN

Recht schnell wirst Du den Begriff »kreuzen« in Dein Vokabular aufnehmen. Diese Strategie bietet sich bei allen Multiple-Choice-Klausuren an. Es gibt umfangreiche Fragensammlungen aus Altexamina (mit dazugehörigem Antwortteil), die Du »durchkreuzen« kannst. Es ist eine monotone und auch irgendwie stupide Tätigkeit, aber es ist ungeheuer effektiv. Du machst Dich mit dem Fragentypus vertraut und in der Prüfung haben viele Fragen einen gewissen Wiedererkennungswert. Zur Verbesserung Deiner Note kann ich das Kreuzen nur empfehlen. Zur Verbesserung Deines medizinischen Wissens eignet es sich allerdings weniger.

5.4
BÜCHER, APPS, ONLINEANGEBOTE, DIE DAS LEBEN LEICHTER MACHEN

Es gibt ein paar Standardwerke, um die Du in der Medizin nicht herumkommen wirst. Eines davon ist *House of God* von Samuel Shem. Der Klassiker aus dem Jahre 1978 beschreibt auf bitterböse und zynische Art und Weise den Alltag in einem amerikanischen Krankenhaus. Warum kommst Du da nicht drum herum? Weil Du zwei bis zehn Exemplare im Laufe Deines Studiums geschenkt bekommen wirst. Mindestens. Viele Begriffe aus dem Buch haben Einzug in den medizinischen Sprachgebrauch erhalten. So ist eine Unterhaltung auf Station ohne die Begriffe »GOMER« (Get Out of My Emergency Room: älterer und mit den verschiedensten Krankheiten gesegneter Patient), »Turf« (eine Verlegung) und »Bounce« (schiefgegangene Verlegung, die zu Dir zurück kommt) gar nicht mehr vorstellbar.

BÜCHER

Sobald Du eine medizinische Buchhandlung betrittst, wirst Du von dem Überangebot an medizinischer Literatur schier erschlagen. All die verschiedenen Werke jeder Fachrichtung aufzulisten, würde hier klar den Rahmen sprengen. Wenn Du Dir ein Buch kaufen möchtest, dann leih Dir zunächst einfach die Standardwerke aus der Bibliothek aus und guck zu Hause in Ruhe, aus welchem Du am besten lernen kannst. Das dickste Buch ist hier nicht immer das beste. Oft ist das dünnste Buch, das Du zu dem Thema finden kannst, gerade ausreichend. Manchmal machen auch die Professoren

Vorschläge, welches Werk sie zum Lernen als sinnvoll erachten. Oft sagen sie aber vor allem, welche Bücher gar nicht gehen. Damit ist einem auch schon geholfen. Gerade in den Grundlagenfächern musst Du nicht immer die allerneueste Ausgabe haben. In Anatomie, Physiologie und Biochemie ändert sich nicht mehr so gravierend viel, dass Du Dich nicht mit einem fünf Jahre alten Buch ruhigen Gewissens auf die Prüfungen vorbereiten könntest. Oftmals bieten die Fakultäten auch Bücherbasare an, bei denen Du von den höheren Semestern gebrauchte Bücher kaufen kannst.

ONLINEANGEBOTE

Hier wird es schwierig, denn noch mehr als bei Büchern ist das Angebot einfach unüberschaubar. Unter Umständen hat sogar Deine Uni ein eigenes Angebot, das sich gut nutzen lässt und auf Dein Studium zugeschnitten ist. Das oft kostenlose Angebot einiger amerikanischer Universitäten kann themenspezifisch auch interessant sein. Hier ist Google Dein Freund. Ohne Anspruch auf Vollständigkeit zu erheben, seien hier ein paar hilfreiche Adressen genannt:

Thieme Via medici

Unter **www.thieme.de/viamedici** findest Du umfangreiche und aktuelle Informationen rund ums Medizinstudium. Es gibt auch ein korrespondierendes Printmagazin, das sowohl im Studium als auch im ersten oder zweiten Jahr als Berufsanfänger ganz spannend sein kann.

MEDI-LEARN

MEDI-LEARN ist ein Anbieter verschiedener Dienstleistungen rund um das Medizinstudium. So findest Du hier nicht nur Skripte für die einzelnen von Dir abzulegenden Prüfungen, sondern auch Hinweise zu den von MEDI-LEARN durchgeführten Repetitorien, die Dich gezielt auf ein Examen vorbereiten sollen. Die Repetitorien kosten natürlich eine Stange Geld. Ob sie sinnvoll sind, muss jeder für sich entscheiden. Sehr gut und hilfreich sind die von MEDI-LEARN angebotenen Foren, in denen Du Dich mit Gleichgesinnten austauschen kannst. Hier finden auch rege Diskussionen der aktuellen Examensfragen statt und so kann man vorab schon mal ganz gut einschätzen, wie man denn wohl abgeschnitten hat

▶ **www.medi-learn.de**

Deutsches Ärzteblatt

Unter **www.aerzteblatt.de** findest Du den Onlineauftritt des *Ärzteblatts*, dem Magazin, das Du als approbierter Arzt zwangsweise nach Hause geliefert bekommst. Ernsthaft lesen werden es wohl nur die wenigsten, es steht auch nur selten was Interessantes darin. Es gibt jedoch ein nicht zu vernachlässigende Argument für das *Ärzteblatt* – die Stellenanzeigen. Dafür musst Du allerdings nicht die Zeitschrift lesen, Du kannst einfach online nachsehen. Es gibt auch ein Angebot, das sich speziell an Studierende richtet. Dort findest Du auch Informationen rund ums Studium sowie einige Diskussionsforen.

▶ **www.aerzteblatt.de/studieren**

Wikipedia

Okay, wenn Dich der Prüfer fragt, wo Du Deine Informationen her hast, so solltest Du vielleicht nicht Wikipedia als allererste Referenz angeben. Aber mal Hand aufs Herz, so ziemlich jeder Mediziner wird wohl für den schnellen Überblick das eine oder andere Schlagwort bei Wikipedia suchen. Die Datenbank sollte nicht Deine Lehrbücher ersetzen, aber wenn Du noch ganz schnell wissen willst, wie eigentlich Atropin wirkt, so spricht nichts gegen eine schnelle Wikipedia-Suche.

DocCheck

Das ist so eine Art Facebook für Mediziner und Angehörige medizinischer Berufe. Sie bezeichnen es als »Social Medwork«. Einige Informationen auf **www.doccheck.com/de** sind frei zugänglich, so auch ein informatives Medizinlexikon. Um weitere Inhalte abrufen zu können, muss man sich registrieren.

VisibleBody

Dieses Angebot ist leider kostenpflichtig, lohnt sich aber. Hier findest Du einen Anatomie- und Physiologie-Trainer mit einer überwältigend detailgetreuen 3-D-Ansicht und interaktiven Anwendungsfunktionen. Da macht das Lernen der Anatomie fast schon Spaß! Unter **www.visiblebody.com/index.html** kannst Du Dir auch erst einmal eine kostenlose Probeversion zur Ansicht runterladen. Apps fürs Smartphones und Tablets gibt es natürlich auch.

Natürlich gibt es noch unzählige andere fachspezifische Webseiten. Es gibt Seiten, auf denen Du unter dem virtuellen Mikroskop

Blutausstriche ansehen kannst, Seiten, auf denen Du Deine Kenntnis bei der Betrachtung von Röntgenbildern verbessern kannst und Seiten, auf denen Du Dir Videos zu bestimmten Techniken der ultraschallgesteuerten Regionalanästhesie runterladen kannst. Nicht alle Angebote sind von wirklich guter Qualität und Du solltest niemals Deine Bücher zugunsten der Informationen, die Du im Netz findest, hintenanstellen. Gerade am Anfang wird es Dir noch schwerfallen zu unterscheiden, welchen Informationen Du trauen kannst und welchen nicht.

APPS

Mit den Apps ist es ähnlich wie mit den Büchern und den Webseiten – das Angebot ist fast unüberschaubar groß.

Gerade für lernintensive Fächer wie Anatomie sind Apps hilfreich, die wie Lernkarten funktionieren. Alle Anbieter der gängigen Anatomieatlanten (zum Beispiel Netter, Sobotta oder Prometheus) bieten Apps an. Allerdings gibt es keine kostenlosen Apps, sondern bestenfalls Probeversionen, bei denen Du nur wenige Lernkarten einsehen kannst. Die volle Version ist ähnlich teuer wie der gedruckte Atlas.

Kurz vorstellen möchte ich hier ein paar Apps, die sich für den Alltag auf Station eignen und Dir in Deinen Praktika eine gute Hilfe sein werden – und die vor allen Dingen auch nichts kosten!

Pedi Safe

App zur Berechnung der Dosierungen von Medikamenten bei Kindern auf der Intensivstation und im OP. Klingt banal, ist aber ziemlich kompliziert, weil man hier das Gewicht einrechnen muss. Gerade wenn man im Kopfrechnen etwas schwach ist, dann ist diese App ein echter Lebensretter.

MedCalc

Noch eine App für diejenigen, die schlecht im Kopfrechnen sind. Eine Formelsammlung, die wirklich alle relevanten Bereiche abdeckt. Ob Du den Body-Mass-Index ausrechnen oder einen Geburtstermin bestimmen willst, diese App nimmt dir das alles ab. Für den Klinikgebrauch ist die Light-Version auch völlig ausreichend, ich arbeite schon seit Jahren damit.

Arznei aktuell

Das ist die umfassende und aktuelle Arzneimitteldatenbank der ifap (Service-Institut für Ärzte und Apotheker GmbH). Hier kannst Du Medikamente, deren Wirkspektrum und die Dosierung nachschlagen. Die App ist auch hilfreich, wenn Dir Oma Meyer erzählt, dass sie ein Medikament mit Namen »Carmen« einnimmt und Du keine Ahnung hast, welcher Wirkstoff sich dahinter versteckt, dies aber vor der Patientin nicht offen zugeben möchtest.

6
DAS LIEBE GELD – DIE FINANZIERUNG DES STUDIUMS

Es hilft alles nichts, wenn Du studierst, musst Du irgendwie Geld ranschaffen. Es kann eine Herausforderung sein, die es neben dem Studium auch noch zu meistern, vor allem, wenn Du nicht schon einen Ausbildungsberuf gelernt hast, auf den Du zurückgreifen kannst. Glücklicherweise sind die Möglichkeiten der Geldbeschaffung vielfältig und nicht alle sind illegal und unmoralisch. Hier stelle ich Dir die üblichsten Formen der Finanzierung des Studiums vor.

6.1
VON BERUF SOHN ODER TOCHTER

Die einfachste Form der Geldbeschaffung ist die Finanzierung durch die Eltern. Obwohl die meisten Studenten irgendeine Form der Unterstützung von ihren Eltern bekommen, verfügen sicherlich die wenigsten über so viel Geld, dass sie problemlos die Miete, die Lebenshaltungskosten und die Ausgaben für das Studium dadurch finanzieren können. Sollte das bei Dir der Fall sein – herzlichen Glückwunsch. Die Höhe der elterlichen Alimente wirst Du selbst nicht beeinflussen können, entweder hat Deine Familie die finanziellen Mittel um Dich zu unterstützen oder eben nicht.

6.2 NEBENJOBS

Wahrscheinlich wirst Du neben dem Studium arbeiten müssen. Das kann sehr anstrengend werden, je nachdem, wie viel Geld Du Dir dazuverdienen musst. Gerade in den ersten Semestern hast Du dafür eigentlich nicht sonderlich viel Zeit. Eine Strategie ist es, vor allem in den Semesterferien zu arbeiten und dann ein wenig Geld für das nächste Semester beiseitezulegen. Bei der Auswahl Deiner Nebentätigkeit sind Deiner Phantasie keine Grenzen gesetzt. Klassische Studentenjobs wie das Bedienen in einer Kneipe findest Du in jeder Unistadt. Wenn Du vor Deinem Studium schon eine Berufsausbildung gemacht hast, lohnt es sich natürlich, in diesem Beruf zu arbeiten. Ich kenne einige Pflegekräfte, die auf 400-Euro-Basis neben dem Studium weiterarbeiten und ein Stundenkonto führen, das es ihnen erlaubt, während des Semesters quasi gar nicht zu arbeiten und in den Semesterferien dafür etwas mehr. So ist ein regelmäßiges Einkommen auch in den Zeiten gesichert, in denen keine Zeit für die Ausübung eines Nebenjobs bleibt.

Solltest Du keine Berufsausbildung vorzuweisen haben, kannst Du nach ein paar Semestern Deinen Status als Medizinstudent zu

Geld machen. Am einfachsten geht das als studentische Hilfskraft. Achte hier auf die Aushänge in den Universitätskliniken. Viele Abteilungen suchen Studenten, die sie zum Beispiel bei Forschungsprojekten unterstützen. Die Zeiteinteilung ist oft recht flexibel und Du bist etwas näher am Thema dran, als beim Kellnern in der Kneipe. Allerdings sind diese Jobs recht begehrt, also musst Du schnell sein oder gezielt nachfragen, ob es solche Stellen gibt. Hier kannst Du beispielsweise Dozenten ansprechen, die Dir sympathisch sind. Sie werden Dir gern Tipps geben und können vielleicht auch eine Stelle vermitteln.

Ich habe ab dem dritten Semester als studentische Hilfskraft in der Mund-Kiefer-Gesichtschirurgie an der Charité gearbeitet. Ich kannte die Studentin, die den Job vor mir gemacht hat. Als sie ihr Studium beendete, gab sie ihre Stelle quasi an mich weiter. Es war leicht verdientes Geld. Ich war einem Oberarzt zugeteilt, den ich immer zu einer bestimmten Sprechstunde begleitete und für den ich den Schriftkram erledigte. Nach der Sprechstunde pflegte ich die Daten von den Karteikarten in eine Datenbank ein. Gelegentlich musste ich auch Anfragen von Patienten beantworten oder aus der Datenbank bestimmte Patientengruppen heraussuchen und diese bitten, bei einer Studie mitzumachen. Später habe ich in dieser Abteilung meine Doktorarbeit geschrieben. Solche engen Verflechtungen sind gar nicht so selten, sobald man mal einen Fuß in der Tür hat.

Da ich bei der Charité durch meinen Vertrag als studentische Hilfskraft gelistet war, bekam ich auch oft Anfragen, andere Jobs zu übernehmen, zum Beispiel als Extrawache. Dabei ist man so eine Art Pflegehelfer. Ich habe das nicht oft gemacht, weil es mir keinen besonderen Spaß machte und außerdem unglaublich zeitintensiv war, da man in der Regel für Achtstundenschichten eingeteilt wurde. Die Aufgaben können allerdings sehr vielfältig sein und sind daher manchmal auch ganz interessant. Ich half mal auf einer HNO-Station aus und auch mal in der Psychiatrie. Als Extrawache kommt man gar nicht so selten in die Psychiatrie, weil hier öfter eine Eins-zu-eins-Betreuung gefordert ist. Die ganze Nacht über bei einem schlafenden Patienten am Bett zu sitzen war jedoch nicht meine Vorstellung von vergnüglichem Zeitvertreib. Einige Kommilitonen aber fanden es super und haben ihre Bücher mitgenommen und dabei für die Examina gelernt. Ich habe diese Jobs als Nachtwache schon allein deshalb abgelehnt, weil ich nicht eine ganze Nacht mit Wachsein und Nichtstun verbringen konnte.

Nebenjobs an der Uni können auch ganz anders aussehen, so werden beispielsweise Übungskurse im Rahmen des Präpkurses in der Anatomie oftmals von studentischen Tutoren durchgeführt. Wenn Du allerdings auf einen solchen Job spekulierst, solltest Du während der Vorklinik durch exzellente Anatomiekenntnisse auf Dich aufmerksam machen. Mir hätte man diese Nebentätigkeit mit Sicherheit nicht angeboten!

Meinen besten und einträglichsten Job hatte ich ab dem achten Semester – ich habe unterrichtet. Zum einen unterrichtete ich an einer Schule für angehende Physiotherapeuten, denen ich Physiologie beibrachte. Zum anderen gab ich Kurse an einer Schule für Heilpraktiker, wo ich die medizinische Basisausbildung übernahm. Dabei konnte ich einzelne Themen unterrichten (zum Beispiel Thema Herz oder Thema Lunge) und bestritt diese an ein oder zwei Samstagen hintereinander. Der Stundensatz war so hoch, dass ich das heute noch immer machen würde, wenn ich die Zeit dafür hätte. Wenn man ein Thema auch erst einmal vorbereitet hatte, entfielen die Einarbeitungszeit und das Ausarbeiten der Präsentationen für die nächsten Kurse, sodass sich der Stundensatz nicht mehr durch die Vorbereitungszeit relativierte. Das Beste war natürlich, dass ich selbstverständlich das Thema, über das ich referierte, beherrschen musste. Ich habe also auch etwas für mein Studium getan. Außerdem hatte ich großen Spaß am Unterrichten, aber das muss natürlich nicht jedem so gehen. Wenn Du nicht gut vor Publikum reden kannst und generell keine großen Lehrerqualitäten aufweist, dann solltest Du Dich nicht mit einem solchen Nebenjob abgeben, er wird dann schnell zur Qual.

Wie bekommt man eine lukrative Anstellung als Lehrer im medizinischen Bereich? Ich wurde damals durch Aushänge an der Uni darauf aufmerksam. Du kannst aber auch einfach eine Bewerbung an sämtliche Dir bekannten Schulen Deiner Stadt schicken. Du solltest Dich hierbei auf private Anbieter beschränken. Die Schulen, die an Kliniken angegliedert sind (zum Beispiel Krankenpflegeschulen) rekrutieren ihre Lehrkräfte für gewöhnlich aus der Ärzteschaft ihres Lehrkrankenhauses. Und natürlich ist das kein Nebenjob für das erste Fachsemester. Du solltest schon mindestens im sechsten Semester sein, um mit dem Unterrichten anzufangen. Wenn Dich natürlich eine Schule schon früher nimmt – umso besser für Dich. Für einzelne Fächer wie Physiologie mag das auch gehen, da Du das im Regelfall ja nach vier Semestern abgeschlossen hast. An Heilpraktikerschulen, an denen Du die Themen in der Gänze unterrichten sollst (also Anatomie, Physiologie und Krankheitslehre auf einmal) tust Du als Student, der gerade das Physikum hinter sich hat, weder Dir noch Deinen Schülern wirklich einen Gefallen.

6.3 DAS BAFÖG

Sicherlich hast Du das Wort **BAFÖG** schon öfter gehört. Hinter dieser Abkürzung versteckt sich das sperrige Wort »Bundesausbildungsförderungsgesetz«. Der Ausdruck BAföG bezeichnet daher nicht nur das Gesetz (§ 68 SGB I), sondern auch umgangssprachlich die sich daraus ergebende Förderung. Das BAföG ist eine Sozialleistung, mit der der Staat unter gewissen Voraussetzungen Schüler und Studenten finanziell unterstützt.

▶ **www.bafoeg.bmbf.de**

WER KANN GEFÖRDERT WERDEN?

Neben Deutschen sind auch viele Ausländer förderungsberechtigt, insoweit sie eine Bleibeperspektive in Deutschland haben und gesellschaftlich integriert sind, wie es auf der Webseite des Bundesministeriums für Bildung und Forschung so schön heißt. Gleichzeitig wird von dem zu Fördernden erwartet, dass er ausreichende Leistungen erbringt, in der Regel müssen mit Beginn des fünften Fachsemesters entsprechende Leistungsnachweise vorgelegt werden. Unter gewissen Umständen können solche Leistungsnachweise auch schon bei Antragstellung verlangt werden.

Konkret bedeutet das, dass Du, wenn Du BAföG beziehen solltest und weiterhin beziehen möchtest, zügig und erfolgreich studieren musst. Eine wichtige Rolle spielt auch das Alter bei Aufnahme eines Studiums. Die Aufnahme des Studiums muss in der Regel bis zur Vollendung des dreißigsten Lebensjahres, bei Masterstudiengängen bis zur Vollendung des 35. Lebensjahres erfolgt sein.

Um BAföG beziehen zu können, musst Du beim für Deine Hochschule zuständigen **AMT FÜR AUSBILDUNGSFÖRDERUNG** einen schriftlichen Antrag stellen. Wichtig ist hierbei, dass BAföG nicht rückwirkend gezahlt werden kann, das heißt, dass Du, wenn Du den Antrag im November stellst, Dein Studium aber schon im Oktober beginnt, für den Oktober kein BAföG mehr bekommst. Das Geld bekommst Du frühestens ab dem Moment der Antragstellung. Zur Antragstellung reicht ein formloser schriftlicher Antrag, auch wenn Du noch nicht alle Dokumente beisammen haben solltest.

WIE SIEHT DIE FÖRDERUNG KONKRET AUS?

Grundsätzlich erhältst Du als Student die Förderung zur Hälfte als Zuschuss und zur Hälfte als zinsloses Darlehen. Abweichend hiervon gibt es eine Reihe von Ausnahmen, die erlauben, dass die Förderung komplett als Zuschuss erfolgt und nicht zurückgezahlt werden muss. Die Höhe der Förderung hängt von verschiedenen Faktoren ab. Studenten, die noch bei ihren Eltern wohnen, erhalten weniger Geld als solche, die außerhalb des Elternhauses wohnen. Die Höhe der Förderung richtet sich dabei nicht nach Deinem tatsächlichen Bedarf. Es gibt den Pauschalbetrag einer Summe, die der Gesetzgeber als ausreichend zur Deckung des Lebensunterhalts betrachtet. Wie viel der Student im Einzelfall erhält, kann man so pauschal nicht sagen, es kommt auf verschiedene Faktoren an. Die Förderung setzt sich zusammen aus Grund- und Wohnbedarf. So beinhaltet beispielsweise der Förderungssatz für einen Studenten, der nicht mehr bei seinen Eltern wohnt, einen Grundbedarf von 373 Euro und eine Wohnpauschale von 224 Euro bei einem Gesamtförderungsbetrag von monatlich 597 Euro. Für die Kranken- und Pflegeversicherung gibt es nochmals einen Zuschlag von 73 Euro. Diese Rechnung gilt für Studierende ohne Kind. Solltest Du Kinder unter zehn Jahren haben, die mit Dir im Haushalt leben, so gibt es nochmals einen Zuschlag von 113 Euro für das erste und 85 Euro für jedes weitere Kind (Stand Oktober 2013, im Detail nachzulesen unter **www.bafoeg.bmbf.de**).

Es ist unter gewissen Voraussetzungen auch möglich, ein elternunabhängiges BAföG zu erhalten, zum Beispiel, wenn Du nach fünf Jahren einer Erwerbstätigkeit die Förderung beantragst (oder drei Jahre nach einer Ausbildung), Du Dein Abitur auf dem zweiten Bildungsweg gemacht hast oder Du über dreißig bist. Diese Ausnahmen werden im Einzelfall genau geprüft.

Ob Du für eine Förderung nach BAföG infrage kommst, richtet sich nach Deinen finanziellen Möglichkeiten und den finanziellen Möglichkeiten Deiner Angehörigen. Angehörige sind hierbei neben Deinen Eltern auch etwaige Ehe- beziehungsweise eingetragene Lebenspartner. Von dem Bedarfssatz nach BAföG wird Dein eigenes anzurechnendes Einkommen und Vermögen abgezogen. Dann wird das Einkommen Deiner Angehörigen in Abzug gebracht (erst das des Lebenspartners und dann das der Eltern). Was dann nach

Einrechnung sämtlicher Freibeträge und anderer mildernder Umstände noch übrig bleibt ist, einfach gesprochen, der individuelle BAföG-Förderungssatz. Das Ausrechnen des BAföG-Satzes ist eine Wissenschaft für sich, daher tust Du gut daran, frühzeitig einen Antrag zu stellen, denn das Bearbeiten des Antrags und das Heranschaffen der geforderten Nachweise nimmt erfahrungsgemäß einige Zeit in Anspruch. Wenn Du einen groben Überblick erhalten möchtest, ob und wie viel Geld vom Staat Du erwarten kannst, so findest Du unter **www.bafoeg-rechner.de** ein Formular, in dem Du Deine finanziellen Verhältnisse eintragen kannst und das Dir dann den Betrag nennt, den Du in etwa zu erwarten hast. Dies ist allerdings keine offizielle Webseite, sondern ein Angebot von Studis online (**www.studis-online.de**), daher sind die Angaben natürlich ohne Gewähr. Sonderregelungen können zudem auch nicht mit eingerechnet werden.

Interessant ist vielleicht auch, dass begabungs- und leistungsabhängige Stipendien von etwa dreihundert Euro monatlich von der Anrechnung ausgenommen sind. Dies gilt allerdings nicht für steuerpflichtige Stipendien- oder Beihilfeleistungen.

Solltest Du zwischenzeitlich beschließen, dass das Medizinstudium doch nichts für Dich ist und Du lieber etwas anderes studieren möchtest, so kann das etwas problematisch sein, solltest Du BAföG beziehen. Es muss ein wichtiger oder unabweisbarer Grund für diesen Wechsel vorliegen, damit das BAföG auch noch weiter gewährt werden kann. Wichtige Gründe werden nur bis zum vierten Fachsemester anerkannt, unabweisbare auch noch länger. Was nun wichtig oder unabweisbar ist, wirst Du wohl mit den Mitarbeitern an entsprechender Stelle klären müssen.

RÜCKZAHLUNG

Solltest Du BAföG bekommen, so musst Du die Hälfte des Betrags nach Ende des Studiums zurückzahlen. Dabei gilt, dass nur maximal 10.000 Euro zurückgezahlt werden müssen. Der Beginn der Rückzahlung muss zudem erst fünf Jahre nach Ende des Studiums erfolgen. Das Darlehen kann mit einer Mindestrate von 105 Euro monatlich in einem Zeitraum von zwanzig Jahren zurückgezahlt werden. Bei sehr geringem Einkommen kann die Rückzahlung zeitweise sogar ausgesetzt werden. Auf Antrag kann das Darlehen sogar ganz oder zum Teil vor der Fälligkeit getilgt werden, dann erlässt Dir der Staat zwischen acht und 50,5 Prozent dieses Betrages.

6.4 DER BILDUNGSKREDIT

Solltest Du Dich bereits in einem fortgeschrittenen Semester befinden, so kannst Du gegebenenfalls einen Bildungskredit beantragen. Dies ist ein zeitlich befristeter, zinsgünstiger Kredit zur Ausbildungsfinanzierung. Dein Einkommen und Vermögen oder das Deiner Angehörigen spielen hierbei keine Rolle. Der Kredit dient auch eigentlich nicht der Sicherung Deiner Ausbildung, sondern soll bei der Finanzierung außergewöhnlicher Anschaffungen, die nicht durch das BAföG abgedeckt sind, helfen. Dies könnten Studienmaterialien oder Schulgebühren sein. Um die Konditionen besonders günstig zu halten, übernimmt hierbei der

Bund gegenüber der Kreditanstalt für Wiederaufbau (KfW) eine Ausfallbürgschaft für den Auszubildenden.

Du kannst hierbei Raten von hundert, zweihundert oder dreihundert Euro monatlich beantragen. Innerhalb eines Ausbildungsabschnitts können bis zu 24 Monate finanziert, also maximal 7.200 Euro ausgezahlt werden. Auf Antrag kann auch maximal 3.600 Euro als Abschlag im Voraus bezahlt werden, wenn Du glaubhaft nachweisen kannst, dass der Betrag zur Finanzierung eines außergewöhnlichen Aufwands benötigt wird. Im Gegensatz zum BAföG ist der gesamte Kredit zu verzinsen. Als Zinssatz erhebt die KfW die European Interbank Offered Rate (EURIBOR) mit einer Laufzeit von sechs Monaten. Zuzüglich wird ein Aufschlag von einem Prozent pro Jahr fällig.

Es gibt keinen Rechtsanspruch zur Bewilligung des Kredits. Auch kann er nicht von jedem beantragt werden. Nur Studenten der höheren Fachsemester kommen hierfür infrage. Der Antragsteller muss volljährig sein. Das Höchstalter liegt bei 36 Jahren bei Antragsstellung.

Die Rückzahlung erfolgt mit einer Frist von vier Jahren nach der ersten Auszahlung und wird dann in monatlichen Raten von 120 Euro geleistet. Weitere Informationen zum Bildungskredit finden sich unter **www.bafoeg.bmbf.de/de/110.php** und auf der Webseite des Bundesverwaltungsamts.

- **www.bva.bund.de/DE/Organisation/Abteilungen/Abteilung_BT/Bildungskredit/bildungskredit_Inhalt.html**

6.5 STIPENDIEN

Es gibt viele verschiedene Organisationen, die Stipendien anbieten. Oftmals wird von den Geförderten erwartet, dass sie im Voraus schon sehr gute Leistungen erbracht haben und diese im Studium auch weiterhin erbringen. Hierzu gibt es allerdings auch Ausnahmen. Nachgewiesenes gesellschaftliches Engagement ist bei der Bewerbung für ein Stipendium immer ein Vorteil (die Oma einmal im Monat zu besuchen, ist zwar ehrenwert, gilt aber nicht als die gewünschte Art des Engagements). Was genau gefördert wird, kommt auf die Art der Stiftung an, neben sozialem Engagement kann bei parteinahen Stipendien auch das politische Engagement entscheidend sein.

Das Stipendium der zwölf staatlich geförderten Studienförderwerke (Näheres unter **www.bmbf.de/de/294.php**) wird analog dem BAföG vergeben, muss nach Beendigung des Studiums allerdings nicht zurückgezahlt werden (und wird daher »Vollstipendium« genannt). Die Höhe ist auch hier in der Regel vom Einkommen der Eltern abhängig. Darüber hinaus gibt es ein Büchergeld von 150 Euro im Monat, zudem gibt es spezielle Veranstaltungen für die Geförderten, bei denen man sich auch ab und zu mal sehen lassen muss. Um nicht wieder aus der Förderung herauszufallen, müssen zudem regelmäßige Berichte angefertigt werden, in denen man seinen Studienfortgang kommentiert. Das sollte beim Medizinstudium nicht allzu schwierig sein.

Kleinere private Stiftungen legen möglicherweise auf andere Dinge Wert als den Notendurchschnitt. Hier wird jedoch in der Regel maximal ein Teilstipendium gewährt, von dem allein es sich nicht leben lässt. Unter **www.studis-online.de/StudInfo/Studienfinanzierung/stipendien.php** findest Du einen sehr ausführlichen Artikel über das Procedere der Bewerbung und die Unterschiede der einzelnen Stiftungen. Eine Liste der bekanntesten Stiftungen, die Stipendien vergeben, findest Du in Kapitel 13 *Weiterführende Informationen.*

Deutschlandstipendium

Seit dem Sommersemester 2011 können sich Studenten, die gute Leistungen nachweisen, an ihrer Hochschule für das sogenannte »Deutschlandstipendium« bewerben. Nach erfolgreicher Bewerbung winken am Ende monatlich dreihundert Euro. Der Förderbetrag wird jeweils zur Hälfte vom Bund und von privaten Stiftern getragen. Zudem wird das Stipendium nicht aufs BAföG angerechnet. Das Stipendium ist in letzter Zeit ein wenig in die Kritik geraten. Das Deutsche Studentenwerk beispielsweise wirft der Bundesregierung den hohen Verwaltungsaufwand für dieses Stipendium vor, der hohe Kosten verursacht, nur um am Ende lediglich die besonders Begabten zu fördern. Anstelle dessen, so der Hauptpunkt der Kritik, könne man einfach das BAföG deutlich erhöhen, was wesentlich mehr Studenten zugutekäme.[18]

▶ **www.deutschland-stipendium.de**

---

18 Quelle: www.bafoeg-rechner.de/Hintergrund/art-1104-mogelpackung.php (abgerufen 12. Dezember 2013)

7
MUSS ICH IM KRANKENHAUS WOHNEN? ALLES RUND UMS UMZIEHEN UND WOHNEN

Wenn Du erst einmal eine Berufsausbildung absolviert und schon ein paar Jahre in Deinem Beruf gearbeitet hast, bevor Du Dich zur Aufnahme eines Medizinstudiums berufen fühltest, dann stellt sich die Frage nach der adäquaten Wohnform für Dich vielleicht schon längst nicht mehr. Kommst Du aber direkt von der Schule, so tut sich hier für Dich höchstwahrscheinlich eine ganz neue bunte Welt auf. Im Folgenden werde ich ein paar studentische Wohnmöglichkeiten vorstellen.

7.1
DAS HOTEL MAMA

Solltest Du in der Stadt studieren, in der auch Deine Eltern wohnen, so kannst Du diese Option durchaus in Betracht ziehen. Du musst keine Miete zahlen und nicht einkaufen gehen, also musst Du eventuell noch nicht mal Geld dazuverdienen. Außerdem halten

Dir Deine Eltern vielleicht auch den Rücken frei, indem sie Dich bekochen und Deine Wäsche waschen. Vorteil: Du hast mehr Zeit, Dich auf Dein Studium zu konzentrieren. Nachteil: Das klassische Studentenleben lernst Du so nicht kennen und Deine Selbstständigkeit wird nicht gerade gefördert. Außerdem musst Du damit rechnen, dass es mit Sorgenfalten auf der elterlichen Stirn kommentiert werden wird, wenn Du eine Nacht lang durchfeierst und am nächsten Tag die Uni schwänzt. Viele Studenten leben die ersten paar Semester noch zu Hause und suchen sich dann eine eigene Bleibe. Das erspart den Stress am Anfang des Studiums. Sollten Deine Eltern allerdings nicht in Pendelnähe zur Uni wohnen, hat sich das eh erledigt. Dann musst Du wohl eine der folgenden Optionen für Dich auswählen.

7.2 DIE EIGENE WOHNUNG

Eine eigene Wohnung für Dich allein zu haben, ist natürlich ein gewisser Luxus. Du musst niemandem Rechenschaft darüber ablegen, was Du wann wie machst, ob Du Deine Wohnung sauber hältst oder nicht oder warum ein drei Tage alter Toast in Deiner Dusche verrottet. Ja, das ist eigentlich gar nicht so schlecht. Der Nachteil ist, dass eine eigene Wohnung relativ teuer ist. Die Kosten für Miete, Strom, Wasser, WLAN etc. musst Du komplett allein tragen. Da Dein Budget wahrscheinlich ein wenig begrenzt ist, wirst Du Dir als Student keine Dreizimmerwohnung mit ausladender

Dachterrasse inklusive Putzpersonal leisten können. Höchstwahrscheinlich wird Dein Domizil eher bescheidener ausfallen und sich auf ein Zimmer mit Küche und Bad (im Ernstfall eine halbe Treppe tiefer) beschränken.

7.3 DIE WOHNGEMEINSCHAFT

Die Wohngemeinschaft, kurz WG genannt, ist wohl die beliebteste studentische Wohnform. Es gibt sie in allen Varianten, von der kleinen Zweier-WG bis zu WGs mit mehr als zehn Leuten – der Phantasie sind keine Grenzen gesetzt.

Solltest Du selbst eine WG gründen wollen, musst Du Dir über folgende Dinge Gedanken machen: Ist die Wohnung, die Du Dir ausgesucht hast, für eine Wohngemeinschaft geeignet? Es darf keine gefangenen Zimmer geben. Ein Durchgangszimmer lässt sich schlecht als WG-Zimmer vermieten. Auch muss das Bad für alle zugänglich sein und darf nicht nur durch das Zimmer eines Mitbewohners erreichbar sein. Solche Dinge klingen banal, können Dir allerdings das Leben sehr schwer machen, sollten sie sich erst nach Unterzeichnung des Mietvertrags herauskristallisieren.

Der Mietvertrag – auch so eine Sache. Der Vermieter muss einer Wohngemeinschaft zustimmen! Solche Dinge solltest Du vor allem dann klären, wenn Du eine Wohnung zusammen mit Deinem Partner mietest (das fällt aus Vermietersicht nicht unter klassische WG) und sich die Beziehung dann als nicht so tragfähig erweist, wie Du Dir das vorgestellt hast. Zieht der Partner dann aus, möchtest Du vielleicht ein Zimmer untervermieten, weil Du die Miete allein nicht tragen kannst (möglicherweise kannst Du selbst die Wohnung nicht einfach so kündigen, weil Du eine gewisse Mietdauer vereinbart hast, die Du jetzt unterschreiten würdest). Hat der Vermieter jedoch ausdrücklich erklärt, dass er keine WG in seinen Räumen duldet, dann kann das Untervermieten eines Zimmers schier unmöglich werden.

Wenn Du selbst eine WG gründest, dann hast Du natürlich den Vorteil, dass Du Dir Deine Mitbewohner selbst aussuchen kannst. Vielleicht schließt Du Dich aber auch schnell mit einigen Kommilitonen zusammen und Ihr beschließt, gemeinsam eine WG zu gründen. Dies hätte den Vorteil, dass Ihr Euch schon ein wenig kennt und böse Überraschungen sich zumindest teilweise vermeiden lassen.

Möglicherweise musst Du aber auch ein oder zwei Zimmer an Leute vergeben, die Du noch nicht kennst. Auf entsprechenden Webseiten kannst Du dann sowohl Mitbewohner suchen als auch selbst eine WG finden. Eine (keinen Anspruch auf Vollständigkeit erhebende) Auflistung entsprechender Webseiten findest Du in Kapitel 13 *Weiterführende Informationen.* Oftmals findest Du aber auch Aushänge an der Uni oder Angebote über das Intranet Deiner Universität oder im Immobilienteil der Lokalzeitung.

Leichter ist es da sicherlich, einfach in eine bestehende WG zu ziehen. Gerade wenn Du neu in eine Stadt ziehst, wirst Du Dir wohl am ehesten ein Zimmer in einer bestehenden WG suchen. Da musst Du Dich nicht erst um Dinge wie Telefon und Internet kümmern, das sollte alles schon da sein. Im Idealfall findest Du so auch gleich Anschluss und neue Freunde.

Gerade in Städten, in denen der Wohnraum traditionell knapp und teuer ist, kann die Suche nach einem WG-Zimmer allerdings recht schwierig werden. Oftmals kommt da zu Semesteranfang eine zweistellige Bewerberanzahl auf ein freies Zimmer. Hier kann dann die »Bewerbung« bizarre Auswüchse annehmen, vom Vorkochen für die potentiellen Mitbewohner zu einem umfangreichen Fragebogen über das eigene Leben. Da musst Du unter Umständen ein dickes Fell haben. Es kann also durchaus von Vorteil sein, selbst mit ein paar Freunden oder Kommilitonen eine WG zu gründen (und dann auf der Nutznießerseite des Bewerbungsmarathons um das freie Zimmer zu stehen).

WAS FÜR EIN TYP MUSST DU FÜR DAS LEBEN IN EINER WG SEIN?

Das kann man so pauschal nicht sagen, denn das kommt auch sehr auf Deine Mitbewohner an. Es ist förderlich, wenn Du ein wenig gesellig bist, denn Du wirst den Menschen, mit denen Du lebst, nicht permanent aus dem Weg gehen können. Wenn Deine Mitbewohner gleichzeitig Deine besten Freunde sind, hat das sicherlich Vor- und auch Nachteile. Ein Nachteil ist, dass ein gewisser Erwartungsdruck da ist, möglichst viele Aktivitäten gemeinsam zu absolvieren. Gerade wenn Du Unternehmungen in Eurem gemeinsamen Freundeskreis planst, kann dies ein großes Minenfeld darstellen. Du solltest Dich vorab einmal selbst fragen, wie Du zu solchen Dingen stehst. Wärest Du leicht pikiert, wenn Dein Mitbewohner sich mit einem Eurer gemeinsamen Freunde verabredet, um ins Kino zu gehen, ohne Dich zu fragen, ob Du mitkommen möchtest?

Ein anderer Punkt, der immer wieder auftaucht, ist das Thema Ordnung. Hier können WGs ganz schnell in einem Rosenkrieg enden, wenn es zu Unstimmigkeiten kommt. Dabei müssen nicht alle gleichermaßen ordnungsliebend sein. Wichtig ist, dass alle eine gleiche Vorstellung davon haben, was Ordnung ist. Wenn Du fast in Ohnmacht fällst, wenn Du ein Haar im Duschabfluss entdeckst, Dein Mitbewohner jedoch findet, dass abgeschnittene Zehennägel auf der Couch durchaus für drei Wochen zu akzeptieren sind, dann wird das nicht funktionieren. Einige WGs haben einen Putzplan, andere einfach klare Abmachungen, wann was sauber zu machen ist, und das Zusammenleben funktioniert sehr gut, wenn alle sich daran halten.

!

Tipp: Man macht sich das Zusammenleben leichter, wenn man eine Putzhilfe engagiert. Dabei müssen ja nur die Gemeinschaftsräume wie Küche, Bad und gegebenenfalls ein vorhandenes Wohnzimmer gesäubert werden. Die Kosten halten sich dabei in Grenzen, vor allem, wenn die WG größer ist und man die Kosten auf mehrere Leute umlegen kann. Es spart jedenfalls allen Beteiligten viel Zeit und Nerven und kann helfen, das WG-Klima deutlich zu verbessern.

IST ES SINNVOLL, MIT ANDEREN MEDIZINSTUDENTEN ZUSAMMEN ZU WOHNEN?

Ja und nein. Die Vorteile liegen klar auf der Hand: Ihr könnt zusammen lernen, Euch gegebenenfalls sogar Bücher teilen und habt immer jemanden, mit dem Ihr medizinische Dinge besprechen könnt. Was auch nicht zu vernachlässigen ist, ist die Tatsache, dass jemand, der selbst Medizin studiert, ein gewisses Verständnis für Dein Lernpensum aufbringen kann. Ich selbst hatte mal eine Mitbewohnerin, die etwas ganz anderes studiert hat. Als ich gerade in der heißen Lernphase für das zweite Staatsexamen war (vier Monate acht Stunden tägliches Dauerlernen), hat es mich schon sehr frustriert, dass sie den Sommer genießen konnte und dauernd Freunde zu Besuch hatte oder ausgegangen ist, während meine einzigen Sozialkontakte sich auf die Kommilitonen beschränkte, mit denen ich mich zum Lernen traf.

Der Vorteil fachfremder Mitbewohner ist jedoch, dass man auch mal etwas anderen Input hat. Die Gefahr ist doch groß, dass man sich mit anderen Medizinstudenten ganz schnell hauptsächlich über Medizin unterhält. An sich ist das Studienfach Deines Mitbewohners jedoch nur ein kleiner Aspekt und sicherlich nicht entscheidend. Wichtiger ist, dass man sich prinzipiell versteht.

7.4
DAS WOHNHEIM

Man kann versuchen, einen Platz im Studentenwohnheim zu ergattern. Diese Plätze sind in der Regel knapp und heiß begehrt, da die Zimmer verhältnismäßig günstig sind. Allerdings erwartet Dich hier auch kein allzu großer Komfort. Meistens bieten Studentenwohnheime teilmöblierte Zimmer; Bad und Küche teilt man sich mit den anderen Bewohnern. Wenn Du sehr freizeitorientiert bist und gern schnell neue Kontakte knüpfst, dann sagt Dir diese Wohnform sicherlich sehr zu. Wenn Du gern in Deinen eigenen vier Wänden lernst und etwas Ruhe und Konzentration brauchst, so ist das Wohnheim wahrscheinlich nicht der geeignete Ort. Persönlich kenne ich Wohnheime nur von nächtlichen Notarzteinsätzen. Das sagt schon einiges aus.

8
UND WER LÄUFT DA NOCH SO RUM?

Die Uni ist ein kleiner Mikrokosmos. Jeder noch so schräge oder auch völlig normale Typ der Gattung Mensch wird auch an Deiner Universität zu finden sein. Mediziner an sich sind natürlich auch wieder ein ganz spezielles Völkchen (so wie man es wohl auch jeder anderen Fachdisziplin nachsagt)! Mit wem also darfst Du rechnen? Es folgt eine kleine, nicht ganz ernst gemeinte Typologie der Mediziner.

8.1
DEINE KOMMILITONEN

PAPAS LIEBLING

Er trägt Stoffhose, gestärktes Hemd und einen dunkelblauen Cashmere-Pullover. Sein Abitur hat er mit 1,0 gemacht, wahrscheinlich war er auf irgendeinem privaten Internat. Papa hat noch einen alten Chefarztvertrag oder eine gut gehende Privatpraxis, auf jeden Fall ist genug Kohle für Sohnemanns Ausbildung vorhanden. Seine Kittel sind immer makellos weiß und gebügelt, bereits im Präpkurs trägt er einen eigenen Kittel mit aufgestickten Initialen. Sein Karriereweg ist vorgezeichnet – er macht mal das, was Papa auch macht. Außerdem wohnt er bis zum Ende des Studiums bei seinen Eltern. Leider ist er nicht dumm, sondern einfach nur maßlos arrogant, weshalb er es wahrscheinlich auch weit bringen wird.

Lieblingsspruch: »Das weiß ich doch schon!«

Wo Du ihn findest: In der Nähe seines 7er BMWs.

Will das mal machen: Papas Praxis übernehmen.

DIE ÖKO-AKTIVISTIN

Sie hat erst ein paar Semester Biologie studiert, dann ein Semester Psychologie und ist schließlich bei der Medizin gelandet. Ihre Haare sind mit Henna gefärbt und sie trägt am liebsten wallende Kleidungsstücke vom Secondhandshop. Sie lebt in einer Achter-WG, in die regelmäßig zu dubiosen Sessions geladen wird. Eure Wege kreuzen sich auch nur kurzzeitig, da sie nebenbei noch für den Verein »Rettet den Lurch« ehrenamtlich tätig ist oder in irgendeiner anderen Form die Welt retten muss. Das kostet natürlich Zeit, sodass sie ihr Studium etwa drei Jahre nach Dir beenden wird, obwohl sie schon zwei Jahre vorher angefangen hat.

Lieblingsspruch: »Du, ich hab neulich auf dem Trödelmarkt ein Physiologiebuch von 1952 gefunden. Das ist völlig ausreichend fürs Studium und außerdem total nachhaltig!«

Wo Du sie findest: Im Café der Fachschaft.

Will das mal machen: Bei der WHO arbeiten.

MUTTI

Sie hat vor 25 Jahren Abitur gemacht, dann ausgiebig Kinder bekommen und sich um deren Aufzucht gekümmert. Jetzt findet sie, dass es Zeit ist, sich um die eigene Karriere zu kümmern. Sie trägt eher praktische Kleidung aus Jeans und Karohemd, dazu einen aussortierten Schulrucksack ihrer Kinder. Von Mutti gibt es zwei Versionen. Die eine studiert zügig durch und ist Dir beim Lernen mindestens drei Schritte voraus. Die andere Version wird über ein paar Semester mitgeschleift und bleibt dann an irgendeiner größeren Prüfung endgültig hängen.

Lieblingsspruch: »Ach, das habt Ihr schon in der Schule gelernt?«

Wo Du sie findest: In der hintersten Ecke der Bibliothek.

Will das mal machen: Allgemeinärztin werden.

DAS BROT

Gerüchteweise hat das Brot sich seinen Studienplatz erkauft. Oder das Abitur gefälscht. Seinen Spitznamen hat es jedenfalls, weil es dumm wie Brot ist und dabei noch so ignorant, dass es das nicht einmal merkt. Wenn jemand im Seminar mit dem Brustton der Überzeugung eine selten dämliche Frage stellt, ist es mit Sicherheit das Brot. Es verfügt jedoch über eine gewisse Bauernschläue, denn irgendwie schafft es es doch jedes Semester aufs Neue eine Runde weiter. Wenn Du das Brot nicht im Studium triffst, dann triffst Du es spätestens an Deiner ersten Arbeitsstelle. Es gibt kein Entkommen!

Lieblingsspruch: »Gib mir doch mal schnell Deine Notizen von gestern!«

Wo Du sie findest: Immer in der ersten Reihe.

Will das mal machen: Irgendwas, wo man viel und ausgiebig reden darf und einem keiner widerspricht.

DIE STREBERIN

Sie trägt vom ersten bis zum letzten Tag die gleiche Frisur (dünner Pferdeschwanz), dazu eine randlose und komplett unmodische Brille und niemals Make-up. Ihre Kleidung ist so banal, dass Du sie sofort wieder vergisst, wahrscheinlich aber irgendwie dem Outdoor-Bereich zuzuordnen. Sie hat eine Schwäche für das Brot, was dieses auch gekonnt auszunutzen weiß. Eigentlich ist sie ja ganz nett, gleichzeitig aber auch grenzenlos naiv. Für ihren leicht besserwisserischen Zug möchte man sie mehrfach pro Woche vor die Tür der Seminargruppe setzen.

Lieblingsspruch: »Wie, das weißt Du nicht? Das hatten wir doch schon!«

Wo Du sie findest: In der ersten Reihe neben dem Brot.

Will das mal machen: In die Forschung gehen.

DAS PARTYTIER

Zu den Vorlesungen kommt er nie. An Prüfungen muss er erinnert werden, sonst vergisst er auch die. Er ist meistens mit Feiern beschäftigt und genießt das Studentenleben in vollen Zügen. Das Lernen nimmt er eher unwillig in Kauf. Seine Leistungen sind daher mäßig, aber ausreichend. Stehen größere Prüfungen an, so nimmt er sich für gewöhnlich ein Semester frei »um zu lernen«.

Lieblingsspruch: »Super, morgen ist wieder Erstsemesterparty!«

Wo Du ihn findest: Im Studentenclub oder in der Mensa.

Will das mal machen: Denkt nicht über das Studienende hinaus, welches er gekonnt zu verzögern weiß.

DIE ESOTERIKERIN

Sie hat sich für einen Modellstudiengang eingeschrieben in der Hoffnung, dass hier auch alternative Entwürfe zur Schulmedizin entsprechend gewürdigt werden. Recht schnell wird diese Hoffnung enttäuscht, sodass Du über die nächsten Jahre hinweg ihre Schimpftriaden über den kalten und herzlosen Medizinbetrieb ertragen musst. Mehrfach überlegt sie, das Medizinstudium abzubrechen und stattdessen Heilpraktiker zu werden, kann sich dann aber leider doch nicht dazu entschließen. Nachdem sie einmal versucht hat, Deine Kopfschmerzen mit Pendeln und Handauflegen zu heilen, nimmst Du in der Folge schnell Abstand von ihr.

Lieblingsspruch: »Wir müssen mal darüber reden, warum in unserer Seminargruppe so negative Schwingungen herrschen!«

Wo Du sie findest: In der esoterischen Buchhandlung.

Will das mal machen: Bei einem Schamanenvolk die wahre Medizin erlernen.

8.2
DEINE PROFESSOREN UND TUTOREN

An ihnen kommst du nicht vorbei – Deine Professoren und Tutoren sind die, welche Dir etwas beibringen sollen. Im schlimmsten Fall benoten sie auch Deine Leistungen und werden somit zum Richter über Dein weiteres Schicksal. Im besten Fall erweisen sie sich als gute Lehrer und freundschaftliche Mentoren, die Dir ein Leben lang in guter Erinnerung bleiben. Eine nicht vollständige Auflistung der gängigsten Schreckgespenste und Heilsbringer findest Du in diesem Kapitel.

DER PEDANT

Der Pedant unterrichtet meist lernintensive Fächer wie Anatomie oder Biochemie. Natürlich ist sein Fach das allerwichtigste und er wird auch nicht müde, dies immer wieder zu betonen. Zudem hat er genügend Geschichten auf Lager, die davon handeln, dass ein Patient zu Tode kam, weil der behandelnde Arzt keine Ahnung von Anatomie/Physiologie/Biochemie hatte. Der Pedant hält prinzipiell alles für wichtig und verliert sich gern in absurden Details, was Dir das Leben nicht gerade leichter macht. Außerdem empfiehlt Dir der Pedant mit Sicherheit das dickste Buch seines Fachgebiets. Spaß versteht der Pedant überhaupt nicht, seine Seminare sind eine komplett humorfreie Zone. Es gibt Gerüchte, dass er einmal gelacht haben soll, es sei etwa 1972 gewesen. Dementsprechend solltest Du bei dem Pedanten lieber auch nicht lachen, vor allem dann nicht, wenn er Dich prüft und das kommt leider oft vor.

Sein Unterricht ist staubtrocken und endet regelmäßig mit dem Hinweis, dass die Studenten doch täglich mindestens drei Stunden in sein Fach investieren sollten. In Prüfungen runzelt er für gewöhnlich bei jeder Antwort die Stirn und hüllt sich dann in vielsagendes Schweigen.

DER CHOLERIKER

Hast Du von seinem Fachgebiet keine Ahnung, so kann er schnell ungemütlich werden. Überhaupt hält er von Studenten im Allgemeinen nicht sehr viel, der ganze Unterricht ist lästiges Übel und die Studenten werden ja eh von Jahr zu Jahr dümmer. Gern monologisiert er darüber, wie das damals so war, als er noch studierte, da hatten die Studenten noch Respekt vor ihren Professoren und waren sowieso gewillter, hart an sich zu arbeiten. Den Choleriker in einer Prüfung zu haben ist eine mittlere Katastrophe. Seine Durchfallquoten sind extrem hoch und für gewöhnlich braucht er mindestens einen Sündenbock, an dem er die Unfähigkeit des Studentenkörpers einmal wieder nachweisen kann. Da hilft nur »Augen zu und durch«. Meist hat der Choleriker ein oder zwei Lieblingsbereiche, die man schnell kennenlernt und diese sollte man dann auch in- und auswendig können. Am besten verhält man sich sehr unauffällig und vermeidet potentiell dämliche Fragen, die einen erneuten Wirbelsturm entfachen könnten. Glücklicherweise gibt es den Choleriker selten in seiner absoluten Reinform und vielleicht trifft er Dich daher in Deinem Studium nicht ganz so hart.

DER STUDENTENVERSTEHER

Er leitet meist Tutorien oder POL-Gruppen und hat es eher selten zum Professor gebracht. Für die steile wissenschaftliche Karriere fehlen ihm nämlich die Ellenbogen. Der Studentenversteher hat schon in seinem Auftreten eher hippiehafte Züge. Meist hat er selbst mindestens zehn Jahre lang alles Mögliche studiert, bis er irgendwann endlich mal was zu Ende gebracht hat. Dementsprechend hat er auch immer für alles und jeden Verständnis, was gelegentlich auch mal sehr anstrengend sein kann, wenn er jede auch noch so kleine Missstimmung in der Gruppe ausdiskutieren möchte. Sehr zielstrebige Menschen sind ihm zuwider und er wird auch nicht müde, Dir gewisse pathologische Züge zu unterstellen, solltest Du durch etwas zu ambitioniertes Verhalten auffallen. Auch musst Du für seine Tutorien viel Geduld mitbringen, denn aus zwei Stunden werden ganz schnell auch mal drei. Insgesamt ist aber sehr gut mit ihm auszukommen und wenn er doch mal etwas zu tief in das eigentliche Thema einsteigen möchte, so kann man ihm mit der Aufforderung, doch noch einmal von seinem Trip mit dem Camper durch Bali zu berichten, schnell wieder auf Kurs bringen.

DER ENGAGIERTE

Die Wissenschaft interessiert ihn nicht so, er wollte schon immer Studenten unterrichten. Außerdem sollt Ihr es mal besser haben als er, der damals in den Achtzigern ja noch unter ganz widrigen Bedingungen studiert hat. Sein Unterricht ist durchstrukturiert und selbstverständlich gibt es alle seine Unterlagen im Netz zum Download.

Für Fragen hat er immer ein offenes Ohr und ist sich auch nicht zu schade, nach dem Seminar noch eine extra Stunde dranzuhängen, wenn jemand noch etwas wissen möchte. Das Gerücht, dass er noch niemals jemanden durch eine Prüfung hat fallen lassen, hält sich hartnäckig. Selbstverständlich müssen alle Studenten nach jeder seiner Stunden Evaluationsbögen ausfüllen, damit es ihm ja nicht entgeht, sollte die Qualität seines Unterrichts nachlassen. Sollte Dich sein Fachgebiet nicht übermäßig interessieren, ist er »traurig« und verfolgt Dich wochenlang mit der Frage, was er denn besser machen könne, damit auch Du Dich für das endoplasmatische Retikulum oder Ähnliches erwärmen kannst. Am schnellsten hast Du Deine Ruhe, wenn Du einen Lobgesang über sein Fachgebiet im Allgemeinen und seine Unterrichtsmethoden im Besonderen anstimmst.

9
WIE, ES GIBT EINE ALTERNATIVE ZUM CAFÉ AN DER ECKE?
–
AKTIVITÄTEN AN DER UNI

Es gibt es tatsächlich – ein Leben außerhalb von Hörsaal, Mensa und dem Coffeeshop gegenüber der Anatomie. Man kann sich auch direkt an der Uni engagieren. Das kannst Du zum einen im eigenen Fachbereich machen, also beispielsweise in der Fachschaft Medizin, oder aber Du engagierst Dich gleich fachübergreifend im Allgemeine Studentenausschuss (AStA) oder im Studierendenparlament.

Natürlich musst Du als Medizinstudent realistisch bleiben, was den Zeitrahmen angeht, der für solche Aktivitäten bleibt. Die studentische Arbeit und das Engagement sind sehr wichtig und wenn sich jeder darauf beziehen würde, dass er neben dem Studium keine Zeit für solche Aktivitäten habe, dann sähe das studentische Leben schnell sehr traurig aus. Trotzdem solltest Du zumindest mal gehört haben, dass Dich die Zeit, die Du in solche Aktivitäten steckst, zusätzlich zu Deinem potentiellen Nebenjob und den diversen Praktika, die Du zu absolvieren hast, schnell mal ein Semester kosten kann.

9.1 DIE FACHSCHAFT MEDIZIN

In den meisten Bundesländern bist Du mit der Immatrikulation in dem entsprechenden Fachgebiet auch automatisch Mitglied Deiner Fachschaft. Wenn Studenten untereinander über die Fachschaft reden, meinen sie mit dem Begriff »Fachschaft« oft den gewählten Fachschaftsrat oder das Gebäude, in dem der Fachschaftsrat ansässig ist und das oftmals auch einen zentralen Treffpunkt für die Studenten des Fachs darstellt. Der Fachschaftsrat ist die Interessenvertretung der Studenten. Dieser Fachschaftsrat wird in der Regel aus Studierenden Deines Fachbereiches gewählt. An einigen Universitäten heißt der Fachschaftsrat auch einfach anders, zum Beispiel Studierendenrat oder Fachschaftsvertretung. Wenn von Fachschaftsinitiativen die Rede ist, so sind Freiwillige gemeint, welche nicht von der Studentenschaft gewählt wurden. Dies betrifft allerdings vor allem kleinere Studiengänge.[19]

Die Arbeit der Fachschaft ist recht weit gefasst. Einige nehmen ihren Auftrag als Studentenvertreter sehr ernst und vertreten die studentischen Positionen in diversen Gremien (Fachschaftskonferenzen, AStA etc.), andere sehen sich eher als Serviceanbieter. Die zentrale Anlaufstelle ist in jedem Fall das Fachschaftsbüro. Hier sitzen die (studentischen) Vertreter und helfen bei größeren und kleineren Problemen. Natürlich ist das (Service-)Angebot der Fachschaft nicht überall gleich, oftmals erstreckt es sich aber über die Bereiche Organisation der Erstsemestereinführung und -partys, Herausgabe und Sammlung von Prüfungsprotokollen (ganz wichtig!)

19 Quelle: de.wikipedia.org/wiki/Fachschaft (abgerufen 12. Dezember 2013)

und Abgabe von studententypischen Produkten (Bücher, Stethoskope etc.) zu günstigen Konditionen. Wenn Du Interesse an einer Mitarbeit in der Fachschaft hast, dann solltest Du einfach mal im Fachschaftsbüro vorbeischauen und Dich erkundigen, wie Du Dich am besten einbringen kannst.

!

Tipp: Ein kleiner Wermutstropfen für alle Studenten in Modell- oder Reformstudiengängen ist, dass Studiengänge mit Modellcharakter oftmals nicht gut in der Fachschaft repräsentiert sind. Das liegt in der Natur der Sache, schließlich wird die Fachschaft in erster Linie den alteingesessenen Studiengang repräsentieren und ist auch für diesen strukturell ausgerüstet. Als ich seinerzeit im ersten Jahrgang des Reformstudiengangs studierte, hatte ich daher während des gesamten Studiums keinen Kontakt zur Fachschaft – es gab einfach keine Berührungspunkte. Mit der breiten Reform des Medizinstudiums mag sich dies langsam ändern. Solltest Du jedoch in einem Modellprojekt studieren, das systembedingt nur wenig Kontakt zur Fachschaft hat, so sollte Dich das nicht daran hindern, Dich bei Interesse an der Fachschaftsarbeit in diese einzubringen. Deine Mitstudenten werden es Dir danken.

9.2 DAS TEDDYBÄRKRANKENHAUS

Dieses schöne Projekt geht auf eine Initiative von Studenten der Uni Trondheim in Norwegen zurück. Im Teddybärkrankenhaus können Kinder im Rahmen einer Projektveranstaltung mit ihren Teddys ins »Krankenhaus« kommen. Dazu wird in der Regel in ein paar Zelten ein »Krankenhaus« eingerichtet, das die Kinder und ihre Teddys dann besuchen. Die Kinder weisen den Teddys selbst Krankheiten zu und die Teddyärzte, also extra dafür geschulte Medizinstudenten (oder auch anderes medizinisches Personal), untersuchen und behandeln die Teddys mit allem was dazu gehört. Dieses Angebot richtet sich an alle interessierten Kinder und Familien sowie Kindergartengruppen und Grundschulklassen. Ziel ist es, die Kinder mit den Strukturen eines Krankenhauses vertraut zu machen und ihnen die Angst zu nehmen, wenn sie selbst einmal ins Krankenhaus oder zum Arzt müssen. Teddy hat das alles (inklusive Heilung) ja schließlich schon mal erlebt. Eine Behandlung der Kinder wird nicht vorgenommen, es geht allein um Teddy und seine Beschwerden.

Viele Medizinische Fakultäten hierzulande führen das Projekt mittlerweile durch. Angehende Teddydoktoren erhalten vorab eine Schulung, wie sie mit den Plüschpatienten und ihren kleinen Begleitern am besten umgehen. Wenn Dich die Arbeit als Teddydoktor interessiert, so erkundigst Du Dich am besten bei Deiner Fachschaft, ob es an Deiner Universität ein Teddybärkrankenhaus gibt und wie Du Dich zum Teddydoktor ausbilden lassen kannst. Du musst auch noch nicht sonderlich weit in Deinem Studium fortgeschritten sein. Viel Spaß ist garantiert! Zudem findet die Veranstaltung in der Regel an nur ein paar Tagen im Jahr statt, sodass Du nicht gleich um Deinen Studienerfolg fürchten musst, wenn Du Dich für solch eine schöne Sache engagierst. Weitere Informationen findest Du zum Beispiel auf der Webseite des Teddybärkrankenhauses Hannover.

▶ **www.tbk-hannover.de**

9.3 DAS TUTORENPROGRAMM DER STUDENTENWERKE

Das Studentenwerk dient der wirtschaftlichen Förderung und sozialen Betreuung der Studenten an staatlichen Hochschulen. Damit verbunden sind der Betrieb von Kindertagesstätten, Studentenwohnheimen und der Mensen. Zudem sollen die Studentenwerke zur Förderung der internationalen Beziehungen beitragen. Die Studentenwerke sind Partnerorganisationen der Hochschulen. Das Deutsche Studentenwerk ist der Dachverband der 58 Studentenwerke in Deutschland. Auf der Webseite des Dachverbandes (**www.studentenwerke.de**) findest Du die Adresse Deines lokalen Studentenwerkes.

Mehr als zwei Drittel aller Studentenwerke bieten Tutorenprogramme als Integrationsmaßnahme für ausländische Studierende an. Die meisten Tutoren werden in Wohnheimen eingesetzt, wo sie den internationalen Studenten mit Rat und Tat zur Seite stehen und dafür Sorge tragen, dass sie sich gut an ihrem neuen Studienort einleben. Dazu gehört neben der Organisation von kulturellen oder sportlichen Veranstaltungen unter Umständen auch das Abholen der Studenten vom Flughafen oder die Hilfe bei Behördengängen.[20] Die Tutoren tun also alles, was möglich ist, damit sich die internationalen Studenten an ihrer Gastuni wohlfühlen. Wenn Du Spaß am interkulturellen Austausch hast, ist so ein Tutorenprogramm vielleicht genau das Richtige für Dich. Ein wenig solltest Du die Strukturen Deiner Uni allerdings schon kennengelernt haben und etwas eigene Auslandserfahrung kann auch nicht schaden, also ist das Tutorenprogramm vielleicht nicht gerade im ersten Fachsemester anzustreben.

Die einzelnen Studentenwerke organisieren ihre Tutorenprogramme selbst. Daher solltest Du bei Interesse an einer Tätigkeit als offizieller Partybevollmächtigter bei Deinem Studentenwerk nachfragen, wie Du Dich um solch eine Stelle bewerben kannst. Da die meisten Tutoren an den Wohnheimen zum Einsatz kommen und meist in diesen auch Teil der studentischen Selbstverwaltung sind, ist es oftmals auch notwendig, dass Du im Wohnheim wohnst. Bei vielen Tutorenprogrammen wird auch eine kleine Aufwandsentschädigung gezahlt oder eine interkulturelle Schulung angeboten.

20 Quelle: www.internationale-studierende.de/my_tutor/wohnheimtutorenprogramm/ (abgerufen 12. Dezember 2013)

10
DANN HEILE ICH JETZT MAL WOANDERS
–
AUSLANDSAUFENTHALTE

Du kannst, Du sollst, ja, Du musst eigentlich während Deines Medizinstudiums mal für eine Weile ins Ausland gehen. Das Studium bietet sich nicht nur dafür an, es schreit geradezu danach, es sich mal eine Weile im Ausland gut gehen zu lassen. Du hast hierbei prinzipiell zwei Möglichkeiten. Die einfachste Variante ist die, für Famulatur oder PJ ins Ausland zu gehen. Das ist deshalb einfach, weil Du dabei keine größeren Hürden bei der Anerkennung dieser Studienleistungen zu überwinden hast. Die zweite Variante ist die, ein Semester oder ganzes Studienjahr im Ausland zu verbringen. Das ist deshalb etwas schwieriger, weil die Lerninhalte schon recht genau mit Deinem Stundenplan übereinstimmen müssen, damit Du in Deutschland ohne Verzug weiterstudieren kannst. Möglich das über das Erasmus-Programm, das Studenten innerhalb der EU (inklusive Island, Liechtenstein, Norwegen und der Türkei) den Aufenthalt an einer Partneruniversität ermöglicht.

10.1 ICH HÖR IMMER NUR ERASMUS

Erasmus ist ja das Schlagwort an jeder Uni, wenn es ums Studieren im Ausland geht. Was bedeutet das jetzt konkret? Das Erasmus-Programm wurde 1987 von der EU eingeführt und erlaubt Studenten, an den Partneruniversitäten ihrer Fakultät (relativ) problemlos ein Auslandsjahr zu absolvieren.[21] Besonders praktisch ist, dass für Erasmus-Studenten keine Studiengebühren anfallen. Jetzt ist es leider nicht so, dass die Welt nur darauf wartet, dass Du Dich für einen Platz im Erasmus-Programm entscheidest – durch das Medizinstudium bist Du ja nun schon leidgeprüft genug und kennst Dich mit Bewerbungen und Absagen aus. Genauso ist es auch hier. Du musst Dich auf einen Platz im Erasmus-Programm bewerben. Zunächst recherchierst Du mal auf der Webseite Deiner Uni, mit welchen Medizinischen Fakultäten sie überhaupt kooperiert. Dann lädst Du Dir das Erasmus-Antragsformular runter und guckst mal, was Deine Uni noch so von Dir wünscht (Lebenslauf, Motivationsschreiben, Zeugnisse, Nachweis von Sprachkenntnissen etc.). Wenn Du Dich dann möglichst noch innerhalb aller erforderlichen Fristen befindest, steht einer erfolgreichen Bewerbung schon fast nichts mehr im Wege.

Leider ist auch ein Erasmus-Platz kein Garant dafür, dass Du ohne Probleme weiterstudieren kannst. Erkundige Dich daher lieber vorher, welche Kurse Du zu belegen hast und wo es möglicherweise haken könnte. Eventuell ist dann auch nach Ankunft im Gastland etwas Flexibilität gefordert, wenn sich herausstellt,

---

21 Quelle: ec.europa.eu/education/lifelong-learning-programme/erasmus_de.htm (abgerufen 12. Dezember 2013)

dass der Kurs in Augenheilkunde, den Du unbedingt noch belegen musst, an Deiner Gastuni dieses Semester leider ausfällt. Du solltest Deinen Studienaufenthalt daher vielleicht auch nicht unbedingt direkt vor das Praktische Jahr legen, denn die Liste der Nachweise, die Du aus Deinem Auslandssemester mitbringen musst, ist lang und die Anmeldefrist zum PJ und den Examina vergleichsweise kurz, jedenfalls dann, wenn irgendeine Bescheinigung aus dem Immatrikulationsbüro der Uni in Lissabon noch nicht den Weg bis ins Landesprüfungsamt nach Hamburg geschafft hat.

Über Erasmus lassen sich auch PJ-Tertiale organisieren. Es gibt hierbei jedoch auch Ausnahmen, sodass Du vor jeder Erasmus-Bewerbung nochmals explizit prüfen musst, ob die Partneruni im Wunschland auch Studenten im Praktischen Jahr über Erasmus zulässt. Mehr dazu in Kapitel 10.3 *Ein PJ-Tertial im Ausland.*

Auch außerhalb von Erasmus ist es natürlich möglich, ein Auslandsjahr zu organisieren. Solltest Du den gewünschten Platz über Erasmus nicht erhalten haben, so sprich mit dem zuständigen Mitarbeiter im Prodekanat für Lehre, wie man Dich bei einer externen Bewerbung unterstützen kann.

10.2 EINE FAMULATUR IM AUSLAND

Eine Famulatur im Ausland ist eine tolle Sache. Von allen Studienabschnitten, die Du im Ausland absolvieren kannst, ist die Famulatur am wenigstens mit Problemen bei der Anrechnung behaftet.

Trotzdem gilt hier, was sich gebetsmühlenartig durch dieses Buch zieht: immer schön mit dem Landesprüfungsamt abklären, ob das auch wirklich genehm ist, denn sonst folgt am Ende unter Umständen das böse Erwachen. Vor allem, wenn der Austragungsort etwas exotischer ist, solltest Du Dich versichern, dass das Landesprüfungsamt Deinen Enthusiasmus teilt. Als Edelfamulant auf einem Kreuzfahrtschiff in der Südsee unterzukommen, mag zwar ein erstrebenswertes Ziel sein, es bleibt jedoch fraglich, ob es den Anforderungen, die das Landesprüfungsamt an Deine Ausbildung stellt, gerecht wird. Erfolgreicher ist die Vermittlung einer Famulatur über die Bundesvertretung der Medizinstudierenden in Deutschland (bvmd). Wenn Du es schaffst, über die bvmd einen Famulaturplatz zu ergattern, wird sogar für Deine Unterkunft und Verpflegung gesorgt, da der Austausch in der Regel bilateral erfolgt, das heißt, dass aus Deinem Wunschland im Gegenzug ein Medizinstudent nach Deutschland kommt. Um die Organisation des Aufenthalts und die Betreuung der Gäste kümmern sich ehrenamtliche Medizinstudenten vor Ort (beim bvmd kannst Du daher auch Dein ehrenamtliches Engagement unter Beweis stellen, wenn Dir die Arbeit mit den internationalen Studenten Spaß macht). Es werden Famulaturstellen in alle Ecken der Welt vermittelt. Eine Übersicht findest Du auf der Webseite des bvmd.

▶ www.bvmd.de

Natürlich kannst Du Dir, und das ist der übliche Weg, Deine Famulaturstelle auch selbst suchen. Ein guter Weg ist eine Internetrecherche nach Erfahrungsberichten von Studenten, die schon mal in der Gegend waren, die Du anstrebst. In diesen Berichten findest Du dann auch oft Adressen und Ansprechpartner vor Ort. Wenn Du eine bestimmte Stadt im Sinn hast, such Dir eine Liste der Lehrkrankenhäuser der Medizinischen Fakultät der dortigen Universität. Bei diesen sollte es keine Probleme mit der Anerkennung geben.

Anekdote: Ich wollte unbedingt eine Famulatur in Dublin absolvieren. Die Suche nach einer geeigneten Famulaturstelle gestaltete sich allerdings schwierig, denn die großen Universitätskrankenhäuser winkten alle mit der Begründung ab, sie hätten schon genug eigene Studenten, die sie für Rotationen einteilen müssten. Eine Dame, der ich am Telefon mein Unglück klagte, hatte schließlich Mitleid mit mir und gab mir den Tipp, es in einem der kleineren Lehrkrankenhäuser am Stadtrand zu versuchen. Sie gab mir auch gleich den Namen und die Telefonnummer der für die Studenten zuständigen Sachbearbeiterin. Einen Telefonanruf später hatte ich endlich die gewünschte Famulaturstelle.

10.3 EIN PJ-TERTIAL IM AUSLAND

Der Vorteil von Auslandsaufenthalten im PJ ist, dass die Anrechnung unkomplizierter ist, als bei einem regulären Auslandssemester. Du musst Dich nicht darum kümmern, bestimmte Kurse zu belegen, Du bist einfach für vier Monate in dem von Dir ausgewählten Fachgebiet tätig. Dabei tauchst Du natürlich nicht ganz so tief in das Unileben Deiner Kommilitonen im Gastland ein, da Du keine

Klausuren zu schreiben hast und auch keine Seminare oder Vorlesungen besuchst (auch wenn man Dir den Besuch von Lehrveranstaltungen bei Interesse sicherlich möglich machen wird).

Die meisten Studenten, so behaupte ich jetzt mal, gehen im PJ ins Ausland. Jedenfalls ist die Zahl sicherlich höher als die Zahl derjenigen, die während der klinischen Semester im Ausland studieren.

Die Motivation, die Medizinstudenten ein PJ-Tertial im Ausland verbringen lässt, ist unterschiedlich. Land und Leute kennenlernen, Urlaub machen, tatsächlich etwas lernen ... Bestimmte Länder sehen auf dem Lebenslauf immer gut aus. Der Klassiker sind da natürlich die USA. Generell zeigst Du mit einem PJ-Tertial im englischsprachigen Ausland, dass Du der englischen Sprache auch im medizinischen Umfeld gewachsen bist. Ein PJ-Tertial in der Südsee zu verbringen, ist sicherlich charmant, kann aber auch den Eindruck vermitteln, dass Du sehr freizeitorientiert bist. Ist das jetzt schlecht? Wahrscheinlich nicht. Mach Dein PJ-Tertial am besten da, wo Du schon immer mal hinwolltest. Dass es für Deinen zukünftigen Chef ausschlaggebend sein wird, wo genau Du jetzt Dein PJ absolvierst hast, ist doch eher unwahrscheinlich.

Es mag Dir sinnvoll erscheinen, Dein Wahlfach bzw. das Fach, in dem Du Dich zunächst bewerben willst, in der Stadt zu machen, in der Du später auch leben möchtest, schließlich hat schon so mancher PJler in seiner PJ-Abteilung dann als Assistenzarzt angefangen. Diese Überlegung sollte Dich allerdings nicht davon abhalten, Dein Wunschfach im Ausland zu absolvieren. Wenn Du nur in Deutschland bleibst, damit Du unbedingt Urologie im Klinikum xy machen kannst und dann dort vielleicht eine Stelle kriegst, dann ist die Chance auf eine Enttäuschung groß. Vielleicht gefällt es Dir in der Abteilung doch nicht so gut, weil der Chef ein cholerischer Despot ist. Oder es gibt auf absehbare Zeit in dieser Abteilung keine Stellen, obwohl man Dich gern nehmen würde. Vielleicht hast Du nach dem PJ aber auch einfach keine Lust mehr auf Urologie und willst lieber Psychiater, Internist oder Busfahrer werden. Du weißt es vorher nicht, also mach Dir nicht allzu viele Gedanken darüber. Es kommt sowieso meistens alles anders als man denkt.

Viele Universitäten haben Partnerschaften mit ausländischen Universitäten, die vom Erasmus-Programm unabhängig sind. So kannst Du unter Umständen leicht an einen PJ-Platz im Ausland kommen. Gerade in den USA ist es oft leichter, einen Platz zu bekommen, wenn Du Dich über eine Kooperation Deiner Universität bewirbst, als wenn Du es selbstständig probierst. Solche Kooperationen haben auch den Vorteil, dass man bei der Partneruniversität schon genau weiß, welche Dokumente in Deutschland benötigt werden, wie Deine Tertialbescheinigung aussehen muss und welcher Wortlaut gewünscht ist. Ärger mit dem Landesprüfungsamt lässt sich somit umgehen. Auch musst Du darauf achten, dass die Dauer des Tertials nicht unterschritten wird. Je nach Bundesland ist es erlaubt oder auch nicht, das Tertial zu splitten. In den USA ist es mancherorts nur möglich, acht Wochen zu absolvieren. Wenn Du Dein Tertial allerdings nicht splitten darfst, dann hast Du nach Deiner Rückkehr ein großes Problem.

10.4 UND WER SOLL DAS ALLES BEZAHLEN?

Solltest Du BAföG beziehen, musst Du Dich rechtzeitig vor Deinem Auslandsaufenthalt um ein Auslands-BAföG kümmern (rechtzeitig heißt etwa ein Jahr vorher). Aber auch wenn Du in Deutschland nicht BAföG-berechtigt bist, hast Du Chancen, das Auslands-BAföG zu erhalten, da hier andere Bemessungsgrundlagen gelten. Wenn Du im Inland BAföG-berechtigt bist, hast Du auf jeden Fall Anspruch auf Auslands-BAföG.

▶ **www.auslandsbafoeg.de**

Für Deinen Auslandsaufenthalt kannst Du Dir auch Unterstützung vom DAAD (Deutscher Akademischer Austausch Dienst) holen. Der DAAD ist die weltweit größte Förderorganisation für den internationalen Austausch von Studierenden und Wissenschaftlern und wurde bereits im Jahr 1925 gegründet.[22] Der DAAD macht sehr viel, für Dich ist aber nicht alles relevant. Für Dich als austauschwilligen Medizinstudenten ist in erster Linie interessant, dass über den DAAD Fahrtkostenzuschüsse und Stipendien vermittelt werden können. Was der DAAD konkret für Dich tun kann erfährst Du unter **www.daad.de**.

---

22 Quelle: www.daad.de (abgerufen 12. Dezember 2013)

10.5 BIN JETZT DA, WIE GEHT ES WEITER?

Du bist also im Ausland angekommen und fragst Dich, wie es jetzt für Dich weitergeht. Idealerweise hast Du Dir diese Frage allerdings schon vorher gestellt oder dieses Kapitel nochmals durchgelesen.

Zuallererst solltest Du Dich um die Formalitäten kümmern und in dem für die ausländischen Studenten zuständigen Sekretariat melden. Dort kannst Du überprüfen, ob Deine Kurse oder Rotationen schon feststehen oder ob Du hier noch etwas zu organisieren hast. Reichen Deine Sprachkenntnisse aus? Wenn nicht, hast Du hoffentlich vorher daran gedacht, Dich um einen Sprachkurs zu kümmern. Noch besser ist es, wenn Du den Sprachkurs vor Beginn Deines Tertials oder Semesters schon absolviert hast. Du hast natürlich mehr von Deinem Auslandsaufenthalt, wenn Du zumindest in Grundzügen die Sprache verstehst. Ein PJ-Tertial in Japan sieht im Lebenslauf zwar super aus, aber wenn Du kein Wort japanisch sprichst, so wird Dein Lernerfolg wahrscheinlich etwas geringer ausfallen als bei Deinem Kommilitonen, der in Zürich weilt – zumindest was das Medizinische angeht.

Überhaupt – das Medizinische. Was darfst Du denn von Deinem Auslandsaufenthalt erwarten? Mein Eindruck war immer, dass das, was ich in einer anderen Sprache gelernt habe, irgendwie in einem anderen Hirnareal abgespeichert war. Ich kann im deutschsprachigen Alltag auf Dinge viel schlechter zugreifen, die ich in einer anderen Sprache gelernt habe und umgekehrt. Das muss bei Dir jetzt überhaupt nicht so sein, dennoch sei es der Fairness halber erwähnt, dass die Abläufe in Krankenhäusern in anderen Teilen der Welt zum Teil doch deutlich anders sind als hierzulande. Das heißt, dass Du möglicherweise Dinge, die Du dort lernst, nicht so gut in das deutsche System transportieren kannst. Ist das jetzt wichtig? Wahrscheinlich nicht. Jeder, der ehrlich ist, wird Dir sagen, dass Du wirklich erst etwas über Dein Fachgebiet lernst, wenn Du als Assistenzarzt dort arbeitest. Du wirst in Nicaragua mit Sicherheit nicht lernen, wie Du in Deutschland in der sogenannten »Patientenkurve« schriftliche Anordnungen hinterlässt, sodass sie auch für alle anderen verständlich sind. Allerdings ist das auch kein Hexenwerk und Du kannst es spätestens drei Wochen, nachdem Du Deine erste Stelle als Assistenzarzt angetreten hast – so oder so. Deshalb gräme Dich nicht allzu sehr, wenn Deine Sprachkenntnisse doch nicht so gut sind, wie Du vorher gedacht oder Du Deine Zeit mehr am Strand als im Krankenhaus verbracht hast. Es wird sich alles fügen. Das soll jetzt kein Freifahrtschein für Müßiggang und la dolce vita sein, sondern lediglich der Hinweis, dass ein Tertial oder Semester, in dem Du mehr über Land und Leute als über Medizin an sich gelernt hast, nicht als verlorene Zeit anzusehen ist und Du damit Deine medizinische Karriere mit Sicherheit nicht ruiniert hast. In Deinem Studium legst Du lediglich den Grundstein für etwas, auf das Du später aufbauen kannst.

Was gibt es noch im Ausland zu beachten? Du wirst schnell neue Freunde finden. Höchstwahrscheinlich kommen sie aus Hamburg, Tübingen oder Düsseldorf. Deutsche Studenten im Ausland hängen für gewöhnlich sehr aneinander. Ist ja auch bequem, man muss sich nicht um eine andere Sprache bemühen und man hat gleich gemeinsame Themen, über die man reden kann. Am besten fliegst Du auch noch mit dreien Deiner Kommilitonen zusammen in Dein Auslandsdomizil, dann brauchst Du Dich noch nicht mal mit der Clique aus Göttingen oder Berlin rumschlagen. Ist das sinnvoll? Du weißt sicherlich selbst, dass es das nicht ist. Du bist schließlich nicht nach Paris geflogen, um den ganzen Tag nur deutsch zu sprechen. Meist ist es gar nicht so schwer, mit einheimischen Studenten in Kontakt zu kommen, wenn man sich nicht in seiner deutschen Clique versteckt. Und für Deine Sprachkenntnisse lohnt sich die Mühe allemal.

Ratsam ist es auch, ständige Vergleiche mit dem deutschen System zu vermeiden. Jedes Land ist anders, jedes Land hat ein Gesundheitssystem mit Eigenheiten. Nimm das, was man Dir bietet, einfach so an, wie es ist, und versuche, Dich mit lautstarken Äußerungen zurückzuhalten. Deine einheimischen Kommilitonen und Mentoren werden es Dir danken. Dein Auslandstertial im PJ ist Deine wahrscheinlich letzte Chance, noch einmal für längere Zeit ins Ausland zu gehen – also mach was draus!

10.6 BIN WIEDER ZURÜCK – UND JETZT?

Ich wiederhole mich, ich weiß, ich muss es trotzdem noch einmal sagen. Das Allererste, was Du nach Deiner Rückkehr tust, noch bevor Du Deinen Koffer auspackst und Deine Sachen in die Waschmaschine wirfst, ist der Gang zum Landesprüfungsamt.

Du gehst da persönlich mit Deinen gesammelten Bescheinigungen hin, Du schickst sie nicht mit der Post! Wenn Du drei Stunden vor der Tür des Sachbearbeiters ausharren musst, bis dieser von einer ach-so-wichtigen Sitzung zurück ist, dann machst Du auch das. Sollte Dir irgendwas an Deinen Bescheinigungen komisch vorkommen, so nimmst Du zur Sicherheit noch ein paar Süßigkeiten aus Deinem Reiseland mit und überreichst diese Deinem Sachbearbeiter mit einem freundlichen Lächeln als Geschenk. Sollte jetzt wirklich noch ein nicht-verhandelbarer Formfehler in Deinen Unterlagen auftauchen (und hierfür gibt es unendliche viele Möglichkeiten), so hast Du vielleicht noch Zeit, dies korrigieren zu lassen. Bescheinigungen auf Chinesisch werden sich auch nicht mit einer Großpackung Glückskekse wettmachen lassen, also achte darauf, dass alles auf Englisch oder Deutsch ist. Am besten lässt Du Dir im Gastland alles auf den Vordrucken Deines Landesprüfungsamts bescheinigen, das minimiert die Fehlerquellen nochmals. Erst wenn Du das alles erledigt hast, darfst Du überhaupt nur daran denken, Deinen Koffer auszupacken!

11
UND NUN? WAS NACH DEM STUDIUM KOMMT

11.1
DIE DOKTORARBEIT

Der Arzt ist im Weltbild der Patienten nun einmal der Herr oder die Frau Doktor. Das gehört einfach dazu wie der weiße Kittel und das Stethoskop um den Hals. Was aber, wenn der Doktor gar kein Doktor ist?

In Deutschland ist es so, dass Dir mit der Approbation nicht automatisch der Titel »Dr.« verliehen wird. In anderen Ländern sieht das anders aus. Im größten Teil des englischsprachigen Raums etwa darf sich jeder Absolvent einer Medizinischen Fakultät mit einem »Dr.« vor dem Namen schmücken. Das sogenannte »Berufsdoktorat« erfordert keine zusätzliche wissenschaftliche Leistung nach Abschluss des Studiums.

Hierzulande musst Du nach Abschluss Deines Studiums promovieren, also eine wissenschaftliche Arbeit verfassen, aufgrund derer Dir dann der Titel »Dr. med.« verliehen wird. Und da von einem Arzt erwartet wird, dass er auch Doktor ist, streben viele

Mediziner den Doktortitel an, obwohl sie vielleicht gar nicht am wissenschaftlichen Arbeiten an sich interessiert sind. Das hat den medizinischen Doktorarbeiten den Ruf eingebracht, dass sie sich auf dem Niveau besserer Bachelorarbeiten befinden und von der akademischen Leistung nicht viel mit den Dissertationen anderer Fachgebiete gemein hätten. Für einen Großteil der Arbeiten trifft das sicherlich nach wie vor auch zu.

Bevor ich darauf eingehe, wie Du strategisch am besten vorgehst, wenn Du eine Doktorarbeit schreiben möchtest, sei hier kurz erwähnt, was Dir der Doktortitel überhaupt bringt. Zuerst einmal sei gesagt, dass Du nicht promovieren musst. Du darfst genauso als Arzt arbeiten, wenn Du keinen Doktortitel trägst. Eine Promotion kostet Dich in jedem Fall Zeit und Nerven. Bei Medizinern ist es im Gegensatz zu anderen Fachgebieten erlaubt, die Arbeit bereits während des Studiums zu beginnen (was der Qualität sicherlich nicht förderlich ist). Man kann die Arbeit also schon während des Studiums fertigstellen und je nach Bundesland sogar schon einreichen, bevor man seine Approbation erhalten hat. Verliehen wird der Titel allerdings erst, wenn man wirklich fertiger Arzt ist. Während des Studiums hast Du auf jeden Fall mehr Zeit für Deine Doktorarbeit als hinterher, wenn Du schon voll im Berufsleben stehst. Je länger Du schon arbeitest, desto schwieriger wird es, eine Arbeit anzufertigen und zu Ende zu bringen. Natürlich gibt es auch für Mediziner die Möglichkeit, sich eine Stelle in der Forschung zu suchen und dann quasi hauptberuflich zu promovieren. Dies ist aber eher die Ausnahme und hat mit dem klassischen Weg, den ein junger Arzt nach Abschluss seines Studiums in der Regel nimmt, nicht viel gemein. Die wenigsten Mediziner sind

Vollzeitforscher und auch die, die sehr in der Forschung aufgehen, müssen sich noch zwischen Forschung und klinischer Tätigkeit zerreißen. Wieso solltest Du Dir das also eigentlich antun?

Zum einen ist da natürlich das Prestige, das mit dem Doktortitel einhergeht. Das solltest Du nicht unterschätzen. Auch musst Du als Arzt Deinen Patienten nie erklären, warum Du promoviert hast. Du musst nur gelegentlich mal erklären, warum Du nicht promoviert hast, denn gerade ältere Patienten verstehen das Prinzip des Arztes ohne Titel oft nicht.

Wenn Du Dich auf eine Stelle bewirbst, so kann eine abgeschlossene Promotion Dir auch im Bewerbungsprozess eine Hilfe sein. Es gibt Chefs, die Wert darauf legen, dass ihre Mitarbeiter promoviert haben. Es gibt auch Chefs, denen ist das relativ gleichgültig. Als Faustregel kannst Du davon ausgehen: je größer das Haus, in dem Du Dich bewirbst, desto mehr wird Dein Chef Wert auf den Titel legen. Möglicherweise wird er Dir, solltest Du noch kein weit fortgeschrittenes Projekt in Deinem Lebenslauf vorweisen können, sogar anbieten, bei ihm zu promovieren (das geht allerdings nur, wenn der Chef habilitiert ist, sich also »Professor« oder »Privat-Dozent« nennen darf). In dem Haus, in dem Du arbeitest, zu promovieren, hat Vor- und Nachteile. Der Vorteil liegt auf der Hand, Du befindest Dich in Deinem Fachgebiet und sitzt an der Quelle der Informationen. Der Nachteil ist, dass Du Dich damit unter Umständen über Jahre an dieses Haus und dieses Fach (also an Deinen Chef) kettest. Natürlich steht es Dir frei, auch während Du Deine Doktorarbeit schreibst, das Haus oder gar das Fach zu wechseln, aber das Gelingen einer Doktorarbeit hängt zu einem nicht unerheblichen Prozentsatz auch von der Förderung und dem guten Willen Deines Doktorvaters ab. Du möchtest daher tunlichst alles vermeiden, was Deinen Doktorvater verärgern könnte und eine Kündigung Deinerseits wird hier sicherlich nicht für gute Stimmung sorgen.

Eine erfolgreich durchgeführte Promotion zeigt vor allem auch eins – Du bist in der Lage, ein Projekt von Anfang bis Ende durchzuziehen. Auch Dein zukünftiger Chef weiß, dass das Schreiben einer Doktorarbeit kein Zuckerschlecken ist. Du hast es aber geschafft und Dich neben Deinem Studium oder neben Deiner Arbeit durchgebissen. Das macht auf jeden Fall einen gewissen Eindruck, auch wenn Dein Chef auf den Titel an sich vielleicht keinen Wert legt.

Außerdem lernst Du beim Schreiben einer Doktorarbeit zumindest mal die Grundlagen wissenschaftlichen Arbeitens. Dies ist für Deine zukünftige Arbeit als Arzt auch nicht unerheblich. Denn selbst wenn Du Dich für Forschungsarbeit an sich überhaupt nicht erwärmen kannst, so kommst Du auch als klinisch tätiger Arzt nicht umhin, Dich mit aktuellen wissenschaftlichen Fragestellungen auseinanderzusetzen. Du solltest also in der Lage sein, diese auch zu verstehen und zu bewerten. Natürlich kann man das auch lernen ohne je wissenschaftlich tätig gewesen zu sein – nach dem Verfassen einer ganzen Doktorarbeit tust Du Dich damit aber sicher leichter.

Ich denke, es kann nicht schaden, es mit der Doktorarbeit zumindest mal zu versuchen. Wenn Du die Arbeit strategisch planst und früh genug damit anfängst, lässt sich das Ganze mit einem vertretbaren Aufwand hinter sich bringen.

STRATEGIEN ZUR ERFOLGREICHEN DURCHFÜHRUNG EINER PROMOTION

Zunächst einmal musst Du Dir darüber im Klaren werden, was Du eigentlich willst. Geht es Dir nur um den Titel oder möchtest Du vielleicht richtig forschen? Mit Deiner Doktorarbeit kannst Du schon früh die Weichen für Deine spätere Karriere stellen, vor allem, wenn Du Dich für eine klassische Karriere an einem Universitätsklinikum interessierst. Andererseits hast Du Dir auch nichts verbaut, wenn Deine Doktorarbeit überhaupt nichts mit Deiner späteren Tätigkeit zu tun hat.

Wenn es Dir primär einmal um die zwei Buchstaben vor Deinem Namen geht, kann ich Dir nur empfehlen, früh mit der Arbeit anzufangen. Es spricht nichts dagegen, sich schon im dritten Studienjahr nach einem geeigneten Thema umzusehen. Manchmal gibt es Aushänge an der Uni, durch die die Fachbereiche einen oder mehrere Doktoranden suchen. Auf diese Themen kann man sich dann bewerben. Wenn Dich ein bestimmtes Fach interessiert, so kannst Du Dich auch formlos mit einer E-Mail bei dem zuständigen Professor um eine Doktorarbeit bewerben. Wie leicht oder schwer es ist, an ein geeignetes Thema zu kommen, ist von Uni zu Uni unterschiedlich. Auch musst Du damit rechnen, dass nicht jedes Thema unbedingt zum gewünschten Titel führt. Viele Arbeiten werden abgebrochen, die Gründe hierfür sind unterschiedlich. Manchmal kann der Student einfach keine Motivation aufbringen und lässt das Thema im Sande verlaufen. Manchmal ist das Thema schlichtweg ungeeignet für eine Doktorarbeit, sei es, weil Du abhängig von anderen Wissenschaftlern bist, die sich in der Zuarbeitung als unzuverlässig erweisen, oder sei es, weil die Fragestellung sich im Nachhinein als Doktorarbeitskiller entpuppt. Du weißt das vorher nicht und bist leider auf das Urteil Deines Betreuers angewiesen. Manche Betreuer sind auch einfach unfähig und nicht in der Lage, Dich so zu betreuen, dass Du Deine Arbeit sinnvoll durchführen kannst. Du solltest also vorab schon mal versuchen, so viele Informationen wie möglich zu sammeln, um Dir ein möglichst umfassendes Bild von der Arbeit zu machen.

Wenn Du Dir vorstellen kannst, eine Karriere als Vollblutwissenschaftler anzustreben, Du also die akademische Laufbahn an einer Hochschule durchlaufen möchtest, so empfiehlt sich eine experimentelle Doktorarbeit an der Uni. Nicht zuletzt springt dabei im besten Fall nach dem Studium in genau dieser Forschungsgruppe vielleicht eine Stelle für Dich raus. An der Uni kannst Du dann nicht nur promovieren, sondern Dich später auch habilitieren, also »Professor« werden und dann selbstständig forschen und Doktoranden ausbilden.

Anekdote: Ein Kommilitone von mir überlegte sich, während er auf dem Weg zu einem Seminar war, dass es langsam an der Zeit wäre, sich um ein Thema für eine Doktorarbeit zu bemühen. In diesem Moment kam er am Institut der Rechtsmedizin vorbei. Er ging spontan hinein und fragte nach, ob es möglich wäre, hier zu promovieren. So kam er zu seiner Doktorarbeit, die er erfolgreich abschloss. Heute arbeitet er als Rechtsmediziner. Ob sich die Begegnung wirklich genau so zugetragen hat, wie es später erzählt wurde, kann ich heute nicht mehr sagen. In jedem Fall zeigt es aber, dass Zufälle oft Karriereentscheidungen nachhaltig beeinflussen. Wenn Du während des Studiums überhaupt nicht weißt, ob Du promovieren willst und sollst und ob Du Dich überhaupt zu so einer Art von Arbeit neben dem Studium motivieren kannst – lass es erst mal. Niemand zwingt Dich zu promovieren. Du kannst Dir zu jedem anderen Zeitpunkt noch überlegen, damit anzufangen.

WAHL DES DOKTORVATERS

Möglicherweise hast Du nicht den Luxus, Dir Deinen Doktorvater aussuchen zu können. Wenn Dir aber ein Thema als Doktorarbeit angeboten wird, so solltest Du Dir Deinen Betreuer gut ansehen, um abschätzen zu können, ob sich der Aufwand lohnt. Frag ein wenig herum, wer schon erfolgreich bei Deinem Betreuer promoviert hat. Spricht Dein Betreuer selbst mit Dir, oder schiebt er Dich gleich an einen seiner Mitarbeiter ab? Das muss nicht schlecht sein, aber Du bist dann gleich von zwei Leuten abhängig.

!

Tipp: Wissenschaftliche Mitarbeiter oder Assistenzärzte der Abteilung, in der Du promovieren sollst, sind immer auch eine gute Informationsquelle. Idealerweise sagen sie Dir sehr genau, was Du erwarten kannst und was im Gegenzug von Dir erwartet wird. Für eine Arbeitsgruppe ist ein schludriger oder unzuverlässiger Doktorand nämlich mindestens genauso ärgerlich wie für einen Doktoranden eine unzuverlässige Arbeitsgruppe. Hab daher keine Scheu, die Mitglieder Deiner zukünftigen Arbeitsgruppe mit konkreten Fragen zur Arbeit und der Betreuung zu löchern. Dies ist Dein gutes Recht!

Dein Doktorvater sollte sich auch ein wenig dafür interessieren, wie erfahren Du schon im wissenschaftlichen Arbeiten bist. Niemand kann von Dir erwarten, dass Du aus dem Stand klinische Studien durchführen und die Ergebnisse auswerten kannst. Bekommst Du Hilfe bei diesen Aufgaben? Bist Du Teil einer etablierten Arbeitsgruppe, in der die Ergebnisse besprochen werden? Wird sich jemand Deine Planung ansehen, bevor Du mit Deiner Arbeit beginnst? Muss gegebenenfalls ein Ethikantrag geschrieben werden? Wer macht das? Wird sich ein Betreuer Teile Deiner Arbeit durchlesen und Dir sinnvolles Feedback geben können? Dies sind nur einige Fragen, die Du einem potentiellen Doktorvater stellen könntest.

Anekdote: Als ich mit der Durchführung meiner klinischen Studie beginnen wollte, schickte mein Doktorvater mich zu einem Statistiker, der sich meine Datenbank und den ganzen Aufbau mal ansehen sollte. Es stellte sich schnell heraus, dass meine Planung relativ nutzlos war und nicht viele Antworten geliefert hätte. Mit Hilfe des Statistikers ließ sich diese Problematik jedoch schnell beheben und einer erfolgreichen Durchführung der Messungen stand nichts mehr im Wege. Allein hätte ich jedoch wohl erst sehr spät gemerkt, dass ich mich auf dem Holzweg befand.

PLANUNG UND DURCHFÜHRUNG

Nicht jede Arbeit ist gleich und natürlich kann man nur eine generelle Empfehlung geben. Sehr grob gesagt, gibt es zwei unterschiedliche Arten von Doktorarbeiten. Statistische Arbeiten, bei denen

Du zum Beispiel Narkoseprotokolle der letzten zehn Jahre ansiehst, um herauszufinden, ob es nach Gabe eines bestimmten Narkosemittels gehäuft zu einer verlängerten Aufwachreaktion kam – dies wäre eine rückblickende klinische Studie. Bei vorausschauenden klinischen Studien bist Du dabei und misst zum Beispiel die Länge der Zeit des Aufwachens, wenn ein bestimmtes Narkosemittel gegeben wird.

Der andere Typ Doktorarbeit ist das experimentelle Arbeiten in einem Forschungslabor, wo Du vielleicht die Dauer der Aufwachreaktion eines neuen Narkosemittels an Mäusen überprüfst.[23]

Je nachdem, wie aufwendig Deine Arbeit ist, kann es sich lohnen, für die Arbeit ein Semester auszusetzen. Für eine experimentelle Arbeit wirst Du eher aussetzen müssen als für eine statistische. Für eine vorausschauende statistische Arbeit, bei der Du selbst Daten erhebst (also beispielsweise im OP bestimmte Parameter während der Narkose misst), musst Du unter Umständen auch aussetzen, da sich die OP-Zeiten wahrscheinlich nicht mit Deinen Pflichtterminen an der Uni vereinbaren lassen. Eine rückblickende Arbeit kannst Du eher nebenbei machen, weil Du Dir Deine Zeit etwas freier einteilen kannst. Gelegentlich gibt es auch vorausschauende Arbeiten, bei denen Deine Aufgabe in erster Linie in der Auswertung von Daten besteht, die Dir andere zutragen. Dies ist beispielsweise der Fall, wenn die Daten aus einer Intervention gewonnen werden, die nur ein (approbierter) Arzt durchführen darf. Dann bist Du wahrscheinlich nur für die Pflege der Datenbank und die Statistik zuständig. Solche Arbeiten lassen sich auch oft ganz gut neben dem Studium oder während der Semesterferien durchführen.

---

23 Quelle: www.medi-learn.de/humanmedizin/medizinstudium-klinik/artikel/Die-medizinische-Doktorarbeit-Seite1.php (abgerufen 12. Dezember 2013)

Experimentelle Arbeiten in einem Forschungslabor kannst Du in der Regel nur an der Uni durchführen. Statistische Arbeiten gibt es auch an der Uni, sie sind aber auch an kommunalen Krankenhäusern zu finden, wenn der Chefarzt einer Abteilung selbst habilitiert ist und nebenbei klinische Studien durchführt. Du brauchst Dich also bei der Suche nach einem geeigneten Thema nicht nur auf die Universitätsklinik beschränken.

Wichtig bei der Durchführung ist auch eines: Lass Dir helfen! Vielleicht gibt es an Deiner Uni ein Doktoranden-Seminar oder eine andere Form der Zusammenkunft, in der Du Deine Forschungsergebnisse vorstellen, Dich mit anderen Doktoranden austauschen und Dir Tipps und Anregungen holen kannst. Die Möglichkeiten sind hier sehr vielfältig. Vielleicht gibt es auch regelmäßige Treffen innerhalb Deiner Arbeitsgruppe, bei denen Du Fragen stellen kannst und Deine Ergebnisse vorstellst. Was Du auf jeden Fall vermeiden solltest, ist Dich mit Deiner Arbeit komplett abzuschotten. Das Mindestmaß an Aufmerksamkeit, das Du verlangen kannst, ist, dass Dein Betreuer Deine Arbeit regelmäßig liest und Deinen Fortschritt kommentiert.

Ich werde Dich nun nicht mit dem Aufbau einer wissenschaftlichen Arbeit langweilen und mit meiner persönlichen Meinung dazu, wann man welchen Teil schreiben könnte. Das würde der Vielzahl an Themen und den vielen Wegen, die schlussendlich nach Rom führen, nicht gerecht werden und über die erfolgreiche Durchführung einer Doktorarbeit ließe sich nochmals ein Buch schreiben. Es reicht schon, wenn Du verstanden hast, wie das System in etwa funktioniert – Deine Nische wirst Du dann selbst finden, wenn es so weit ist. Versuch einfach, ein Thema zu finden, für das Du Dich zumindest ein wenig begeistern kannst, und bleib am Ball. Viele Doktorarbeiten verlaufen im Sande, weil der Doktorand sich nach ein paar Jahren des In-der-Schublade-Liegenlassens einfach nicht mehr aufraffen kann, die Arbeit zu Ende zu bringen. Das ist schade, weil dann viel Energie in ein Projekt gesteckt wird, was am Ende nichts gebracht hat. Wähle Dein Projekt also mit Bedacht und ziehe es durch – es wird kein Spaziergang, eher ein Marathonlauf, aber am Ende bist Du wahnsinnig stolz, wenn Du am Ziel bist.

11.2 DIE FACHARZTAUSBILDUNG

Wahrscheinlich denkst Du, wenn Du das Studium erst einmal hinter Dich gebracht hast, dann hast Du Ruhe vor dem Lernen und den ganzen Prüfungen. Leider ist das nicht so. Nach dem Studium beginnt die Facharztausbildung.

Du bist mit erfolgreichem Abschluss des Studiums zwar approbiert, darfst auch als Arzt arbeiten, Du bist aber noch »in Ausbildung«. Erst mit Ablegen der Facharztprüfung bist Du ganz allein selbst verantwortlich für Dein Tun. Ein Facharzt ist auch Voraussetzung dafür, sich in einer Praxis niederzulassen (es gibt auch Nicht-Fachärzte, die in Praxen arbeiten, aber die sind dann in der Praxis angestellt und führen unter Aufsicht des Praxisinhabers einen Teil ihrer Weiterbildung durch).

Mit Ende des Studiums wirst Du Dich wahrscheinlich für ein Fach entschieden haben, in dem Du Deine Facharztausbildung machen möchtest. Du bewirbst Dich dann auf eine Stelle als Assistenzarzt in diesem Gebiet. Möchtest Du Orthopäde werden, dann bewirbst Du Dich in orthopädischen Abteilungen. Hast Du eine Anstellung erhalten, beginnt mit Deinem ersten Arbeitstag auch Deine Facharztausbildung.

Die Facharztausbildung dauert je nach Fachgebiet fünf bis sechs Jahre (es gibt hier auch Ausnahmen, aber auf diese im Detail einzugehen, würde den Rahmen dieses Studienratgebers sprengen). Es gibt eine Weiterbildungsordnung, die regelmäßig angepasst wird (ähnlich der **APPROBATIONSORDNUNG**). Die Zulassungsvoraussetzungen zur Facharztprüfung ändern sich alle paar Jahre geringfügig. Für Dich gilt allerdings die Weiterbildungsordnung, die zu dem Zeitpunkt gültig war, als Du Deine Facharztausbildung begonnen hast.

Neben der Mindestzeit, die genau festgelegt ist, gilt es noch einen Katalog abzuarbeiten. Dieser Katalog enthält eine Auflistung der Dinge, die Du gemacht haben musst, bevor Du Dich zur Facharztprüfung anmeldest. In den sogenannten konservativen Fächern (das sind die Fächer, in denen die Ärzte nicht operativ tätig sind) ist der Katalog recht überschaubar, da es nicht ganz so viele Interventionen gibt, die beherrscht werden müssen. Ein Assistenzarzt in der Neurologie hat daher meist weniger Probleme damit, seinen Liste in der vorgesehenen Weiterbildungszeit abzuarbeiten, als beispielsweise ein Neurochirurg, der nachweisen muss, dass er eine bestimmte Anzahl Operationen durchgeführt hat. Natürlich gibt es in fast allen Fächern ein Nadelöhr, durch das alle durchmüssen und das gegebenenfalls die Ausbildungszeit etwas verlängert (bei Neurologen sind das zum Beispiel die Funktionsdiagnostik oder die Intensivstation), aber das Krankenhaus, in dem Du angestellt bist, hat Dir gegenüber eine Ausbildungspflicht und Dein Chefarzt hat dafür Sorge zu tragen, dass Du in angemessener Zeit Deinen Katalog durchgearbeitet und die vorgegebenen Punkte erfüllt hast. Dies liegt auch im Interesse des Chefarztes, sodass es für gewöhnlich in der vorgegebenen Zeit gelingt, die sogenannte »Facharztreife« zu erlangen.

Der Chefarzt hat eine Weiterbildungsbefugnis für eine bestimmte Anzahl an Jahren. Nicht jeder Chefarzt hat die volle Weiterbildungsbefugnis. Das hat etwas mit den Voraussetzungen zu tun, die in der Abteilung gegeben sind. Du solltest Dich also, bevor Du eine Stelle zusagst, genau informieren, ob Dein zukünftiger Chef die volle Weiterbildungsermächtigung hat. Hat er sie nicht, so musst Du Dir nach Ablauf der Zeit (also zum Beispiel nach ein oder zwei Jahren) eine neue Stelle suchen. Manche Abteilungen bieten Kooperationen mit anderen Häusern im Verbund an, bei denen Du dann im Rotationsverfahren Deine komplette Ausbildung absolvieren kannst. Gerade in Fächern, die ein breites Spektrum abdecken müssen, gibt es oftmals die Möglichkeit, durch Hospitationen in anderen Häusern noch fehlende Eingriffserfahrungen zu sammeln. In der Anästhesiologie ist das häufig so, weil auch größere Häuser nicht immer alle operativen Fachabteilungen beheimaten.

Hast Du Dich für eine Facharztausbildung entschieden und merkst nach einigen Wochen, Monaten oder auch Jahren, dass dieser Fachbereich doch nicht der richtige für Dich ist, so kannst Du selbstverständlich jederzeit das Fach wechseln. Ausbildungszeiten werden zum Teil auch aus anderen Fächern angerechnet. Manch einer macht erst einen Facharzt und dann noch einen zweiten. Alles ist möglich. In einer Praxis niederlassen kannst Du Dich allerdings nur mit einer Facharztbezeichnung. Wenn Du also einen Facharzt für Innere Medizin und einen für Kinderheilkunde gemacht haben solltest, so musst Du Dich bei der Niederlassung entscheiden, in welcher Fachrichtung Du tätig sein möchtest.

Da ich selbst Anästhesistin bin, kann ich Dir am besten den Ablauf der Facharztausbildung in der Anästhesiologie skizzieren. Dieser sei hier mal exemplarisch dargestellt:

Die Facharztausbildung in der Anästhesiologie dauert insgesamt fünf Jahre. Das bedeutet konkret vier Jahre im OP und ein Jahr auf der Intensivstation. Auf die Intensivstation rotiert man in der Regel erst gegen Ende der Weiterbildungszeit, aber auch hier gibt es natürlich je nach Haus Abweichungen. Zudem muss ein Katalog abgearbeitet werden, der insgesamt 1.800 Narkosen umfasst. Diese müssen anteilsmäßig gewichtet aus den verschiedenen chirurgischen Fachdisziplinen kommen (zum Beispiel dreihundert Narkosen bei Baucheingriffen). Dazu gehört auch eine bestimmte Anzahl Regionalanästhesien. Weitere Maßnahmen wie Bluttransfusionen oder Wiederbelebungsmaßnahmen müssen ebenfalls dokumentiert werden.

Meist ist das in fünf Jahren ganz gut zu schaffen. Am Ende der Ausbildung zum Facharzt stellt Dir Dein Chef ein sogenanntes »Facharztzeugnis« aus (jedenfalls dann, wenn er der Meinung ist, Du seiest fachlich so weit, dass Du Dich zur Prüfung anmelden kannst). Dann steht Dir unter Umständen ein längerer Kampf mit der Landesärztekammer bevor, weil irgendein Dokument nicht korrekt unterschrieben ist, ein Stempel fehlt oder in Deinem Zeugnis nicht explizit steht, dass Du ganztägig und in Vollzeit gearbeitet hast (man kann auch in Teilzeit seinen Facharzt machen, das dauert dann aber länger als fünf Jahre und in jedem Fall will es die Landesärztekammer dann sehr genau wissen). Schließlich wirst Du zur Prüfung zugelassen. Die Facharztprüfung selbst ist mündlich und eher unspektakulär, denn die wahre Arbeit ist das Zugelassenwerden zur Prüfung. Es gibt Gerüchte, dass die Landesärztekammer nur sehen möchte, dass Du in der Lage bist, die Anmeldeprozedur durchzustehen, ohne Dich zu suizidieren, weshalb die Prüfung dann vergleichsweise einfach ist. Meist dauert sie noch nicht einmal eine Stunde, Noten gibt es keine, nur ein »bestanden« oder eben nicht. Da die Prüfer eine sehr lange und ausgiebige Begründung schreiben müssen, wenn sie Dich durchfallen lassen, ist die Motivation, Dich nicht bestehen zu lassen, nicht sonderlich hoch. So muss man schon Dinge sagen, die grob falsch sind, um ohne Urkunde aus der Prüfung zu gehen.

ZUSATZBEZEICHNUNGEN

Mit der Facharztausbildung ist es meist noch nicht getan. Wie ich eingangs ja schon sagte, steht immer irgendeine Prüfung an. Anästhesisten machen beispielsweise oft die **SPEZIELLE INTENSIVMEDIZIN.** Noch ein Jahr Intensivstation, noch eine Prüfung, noch ein Stempel im Heftchen. Andere Zusatzbezeichnungen, die man anstreben könnte sind **PALLIATIVMEDIZIN** (Palliativmedizin ist die Behandlung von Patienten, die nicht mehr geheilt werden können) oder **SCHMERZTHERAPIE.**

Das kommt immer ein wenig darauf an, was man noch so vor hat, was einen interessiert und wie die Voraussetzungen in dem Krankenhaus sind, in dem man angestellt ist. Als Radiologe interessiert Dich die Palliativmedizin sicherlich herzlich wenig, als Neurologe vielleicht sogar sehr. Einige Zusatzbezeichnungen sind fachspezifisch, andere können von mehreren Fächergruppen erworben werden.

Eine Zusatzbezeichnung, auf die ich gern etwas genauer eingehen würde, weil sie einfach viele interessiert, ist die Zusatzbezeichnung **NOTFALLMEDIZIN.**

Hast Du Dich schon mal gefragt, woher eigentlich der Notarzt kommt? Der Notarzt, der mit Blaulicht und der Feuerwehr (oder einem anderen Rettungsdienst) an die Unfallstelle rast, ist für gewöhnlich in einer Klinik angestellt und verfügt über die Zusatzbezeichnung »Notfallmedizin« (es gibt auch Notärzte, die das hauptberuflich machen, aber die Erklärung dieser verschiedenen Konstellationen würde jetzt zu weit führen). Da es in Deutschland keinen »Facharzt für Notfallmedizin« gibt, wie er in anderen Ländern existiert (und hierzulande auch immer mal wieder diskutiert wird), können Ärzte verschiedener Fachrichtungen an der Notfallversorgung teilnehmen. Prinzipiell kann auch ein Augenarzt als Notarzt unterwegs sein, wenn er denn über die Zusatzbezeichnung verfügt, aber dies ist sicher selten, da gewisse Voraussetzungen erfüllt sein müssen, damit man sich zur Prüfung für die Zusatzbezeichnung »Notfallmedizin« anmelden kann. Man muss kein Facharzt sein, um als Notarzt zu arbeiten. Man muss jedoch mindestens zwei Jahre Berufserfahrung als Arzt haben und mindestens sechs Monate in der Anästhesie, einer Notaufnahme oder auf einer

Intensivstation gearbeitet haben. Dazu muss man noch einen Kurs in Notfallmedizin absolviert und Erfahrung in mindestens fünfzig Einsätzen im Rettungsdienst gesammelt haben.[24] Wieder eine Prüfung, noch eine Urkunde und los geht's.

Aufgrund dieser Hürden, die genommen werden müssen, verstehst Du jetzt sicher, warum Augenärzte in der Regel nicht im Rettungswagen zu finden sind. Die Fachdisziplinen, denen es am leichtesten fällt, diese Voraussetzungen zu erfüllen, sind Anästhesiologie, Chirurgie und Innere Medizin. Hierbei ist allerdings anzumerken, dass die Anästhesisten sich für die einzig wahren Notärzte halten (obwohl man fairerweise zugeben muss, dass die meisten Notfälle, zu denen man hinzugezogen wird, internistischer Natur sind). Auch sonst sieht die Realität im Rettungsdienst eher unspektakulär aus. Zum Glück, muss man sagen, denn so aufregend es auch klingen mag, das Bild eines Schwerverletzten, den man aus einem brennenden Autowrack gerettet hat, hängt auch dem erfahrensten Notfallmediziner noch lange Zeit nach. Der typische Fall eines Notarzteinsatzes ist eher der bei Herrn Schmidt, der sich nachts um halb vier überlegt, dass es irgendwie am Brustkorb ein wenig zieht und dass das ja ein Herzinfarkt sein könnte. Bei genauer Befragung hatte Herr Schmidt dann zwei Wochen zuvor einen Check-up beim Kardiologen, der nichts Besonderes ergeben hatte und eigentlich zieht es auch schon seit drei Tagen da in der Brust, vor allem, wenn er sich ganz weit zur Seite dreht. Herr Schmidt nimmt prinzipiell an, dass Du um diese Uhrzeit nichts Besseres zu tun hast, als Dich um ihn zu kümmern, und die vier Stunden, bis sein Hausarzt wieder aufmacht, wollte er jetzt auch nicht warten.

---

24 Quelle: www.blaek.de/weiterbildung/wbo_2004/download/WBO/C/notfall.pdf (abgerufen 12. Dezember 2013)

Die Beschwerden verschwinden für gewöhnlich schlagartig, wenn man Herrn Schmidt klarmacht, dass man kein mobiles Krankenhaus bei sich trägt und auch in erster Linie nur für (echte) Notfälle zuständig ist, das heißt Stabilisieren und dann ab in die Klinik. Somit ist jeder Notarztdienst auch eine gute Übung in Frustrationstoleranz.

11.3 ALTERNATIVE BERUFSFELDER

Die meisten, die ein Medizinstudium aufnehmen, wollen nach Ende des Studiums auch als Arzt arbeiten. Wenige wissen schon von Anfang an, dass das Medizinstudium ihnen nur als Zusatzqualifikation dient. Manch einer merkt es während der Facharztausbildung, dass ihm das Dasein als Arzt eigentlich gar nicht so gefällt. Was gibt es dann für Möglichkeiten?[25]

Vorweg – es gibt so viele, dass es unmöglich ist, sie hier alle aufzulisten. Es folgt daher nur eine kleine Auswahl alternativer Berufsfelder.

UNTERNEHMENSBERATUNG

Nicht nur Wirtschaftswissenschaftler sind in der Unternehmensberatung tätig – große Unternehmensberatungen haben gern ein Team, das sich aus Menschen mit unterschiedlichem Ausbildungshintergrund zusammensetzt. Als Mediziner bist Du natürlich am ehesten

25 Quelle: www.thieme.de/viamedici/arzt-im-beruf-alternative-berufsfelder-1562/a/chancen-rund-um-den-arztberuf-4490.htm (abgerufen 12. Dezember 2013)

dafür prädestiniert, in der Beratung im Gesundheitswesen zu arbeiten, weil Du davon schließlich am meisten verstehst. In welchem Feld Du dort tätig bist, hängt dann von dem Beratungsunternehmen ab und ist sicherlich nicht so streng gegliedert, wie Du es aus dem Krankenhaus kennst. Von der Beratung von Krankenhäusern zur Optimierung des Betriebs bis zur Beratung über die Implementierung einer neuen IT-Software, im Gesundheitswesen ist alles denkbar. Gerade wenn Du noch andere stark ausgeprägte Interessen hast, die etwas von der klassischen Medizin abweichen, wie IT oder Ökonomie, so kannst Du diese Dinge als Berater vielleicht sogar sehr gut verknüpfen. Dass Du als Berater weniger Wochenstunden arbeitest als ein Krankenhausarzt, ist zwar eher unwahrscheinlich, aber wenigstens fallen dann diese lästigen Nachtdienste weg.

PHARMAINDUSTRIE

Auch in der Pharmaindustrie gibt es vielfältige Berufsmöglichkeiten für Mediziner. Ein großer Bereich der Pharmaindustrie ist natürlich die Forschung. Hier kannst Du an der Entwicklung neuer Medikamente mitarbeiten. Für die sogenannte **PRÄKLINISCHE ENTWICKLUNG (PRÄ-KLINISCH = VOR DER KLINIK**, also bevor das Medikament an Menschen zum Einsatz kommt) brauchst Du einen starken Hang zur Laborarbeit und den hier gängigen Arbeitsmethoden. Im Medizinstudium wird dies naturgemäß wesentlich oberflächlicher behandelt als während eines Biologie- oder Pharmaziestudiums. Ein anderes Feld innerhalb der Pharmaindustrie tut sich für den Mediziner bei der Betreuung klinischer Studien, in denen diese neuen Medikamente getestet werden, auf. Auch müssen die Produkte, die bereits auf dem Markt sind, weiterhin von Medizinern beobachtet werden (Stichwort: Arzneimittelsicherheit). Und dann gibt es da noch das Marketing und das Produktmanagement, also alles Bereiche, in denen medizinische Fachkenntnisse durchaus gefragt sind.

MEDIZINJOURNALISMUS

Als Medizinjournalist schreibst Du über Themen aus Gesundheitspolitik und Forschung, berichtest über das Neueste von Kongressen oder schreibst medizinische Ratgeber. Die meisten Medizinjournalisten arbeiten freiberuflich, haben daher Auftraggeber aus verschiedenen Bereichen wie Patientenverbände, Ärztekammern, Fachverlage sowie Pressestellen von Krankenhäusern oder der Pharmaindustrie. Festanstellungen gibt es zum Beispiel bei medizinischen Verlagen als Lektor. Eher unwahrscheinlich ist, dass die *New York Times* gleich bei Dir klingelt und Dich bittet, ein Statement über das deutsche Gesundheitssystem zu verfassen. Dementsprechend ist das finanzielle Auskommen meist weder sehr regelmäßig noch sonderlich üppig.[26]

Medizinjournalist wirst Du, indem Du Dich zum Beispiel für ein Volontariat bei einer Fachzeitschrift bewirbst und dort Dein Handwerk lernst. Natürlich bist Du bei der Auswahl eines Volontariatsplatzes nicht auf die einschlägige medizinische Presse limitiert – aber das bietet sich natürlich an, wenn Du Deinen medizinischen Hintergrund optimal ausnutzen möchtest. Auch kannst Du natürlich nach dem Medizinstudium noch versuchen, einen Platz an

---

26 Quelle: news.doccheck.com/de/2584/medizinjournalismus-vielfalt-pur/ (abgerufen 12. Dezember 2013)

einer der renommierten Journalistenschulen zu ergattern oder noch Journalismus studieren. Das ist aber natürlich kein Muss, wenn Du einen Abnehmer für Deine Texte findest, kannst Du auch ohne Studium, Schule oder Volontariat Journalist werden.

NOCH EIN WEITERES FACH STUDIEREN?

Manche Fachgebiete erschließen sich dem Mediziner nicht so ohne Weiteres. Wenn Du nach den sechs Jahren Medizinstudium noch immer nicht genug hast, kannst Du Deine Qualifikation durch ein weiteres Studium noch aufwerten und Dir so gezielt einen anderen Tätigkeitsbereich erschließen. Ein Beispiel wäre ein Jurastudium, nach Abschluss dessen Du Dich auf Medizinrecht spezialisieren könntest. Studierst Du noch Zahnmedizin, kannst Du Mund-Kiefer-Gesichtschirurg werden. Nach einem Wirtschaftsstudium lockt vielleicht eine Führungsposition in der Krankenhausverwaltung. Medizin eignet sich als Grundlage für viele Berufsbereiche und viele erschließen sich Dir vielleicht auch erst, wenn Du das Studium schon lange beendet hast – auch wenn Du Dir zu Beginn des Studiums vielleicht gar nicht vorstellen kannst, je etwas anderes zu tun, als im Krankenhaus zu arbeiten.

Letztlich steht dem Mediziner jeder Bereich außerhalb der klinischen Tätigkeit offen, in dem medizinisches Expertenwissen gebraucht wird. Krankenkassen, Versicherungen, Hersteller von medizinischer Software oder Unternehmen, die Medizintechnik herstellen – sie alle greifen gern auf ausgebildete Ärzte zurück. Und ein Ausflug in die Welt jenseits des Krankenhausalltags muss keine Reise ohne Wiederkehr sein. Nach ein paar Jahren kannst

Du den weißen Kittel, den Du an den sprichwörtlichen Nagel gehängt hast, ja auch wieder anziehen.

11.4 AUFBAUSTUDIENGÄNGE FÜR MEDIZINER

Spezielle Aufbaustudiengänge für Mediziner gibt es natürlich auch. Die Informationen darüber wurden größtenteils der Webseite der Berliner Ärztekammer entnommen:[27]

PUBLIC HEALTH

Dies ist eine Zusatzqualifikation für Mediziner, in der die Strukturen und Organisation der öffentlichen Gesundheit gelehrt werden. Übersetzt heißt Public Health **ÖFFENTLICHE GESUNDHEIT** oder **BEVÖLKERUNGSMEDIZIN**. In erster Linie geht es um Prävention und Verhütung von Krankheiten.

HUMANITÄRE HILFE

Dieser Studiengang soll auf Managementaufgaben in humanitären Hilfsorganisationen vorbereitet. Es werden Studieninhalte wie Völkerrecht, Wirtschaftswissenschaft, Information über Gesundheitsprobleme der Bevölkerung, Entwicklungsforschung, Umwelt- und Ressourcenschutz, Geographie/Geopolitik und Epidemiologie gelehrt.

27 Quelle: www.aerztekammer-berlin.de/10arzt/65_Jobs_Studium_Ausland/60_Alternativen/index.html (abgerufen 12. Dezember 2013)

INTERNATIONAL HEALTH

Dies ist ein Aufbaustudiengang, der sich vor allem mit armutsbedingter Gesundheitsproblematik in Entwicklungsländern befasst. Er umfasst dabei auch die Bereiche Tropenmedizin, Epidemiologie und Biostatistik, Demographie, Public Health, Ernährungswissenschaften, Psychologie und Soziologie, Reisemedizin, Migrationsmedizin, Ökonomie, Pflegewissenschaften und Anthropologie.

MEDIZININFORMATIK

Dieses Fach kann man natürlich auch ohne vorausgegangenes Medizinstudium studieren. Es gibt aber auch die Möglichkeit, das Fach als Ergänzungsstudium zu studieren. Die Tätigkeitsschwerpunkte für Medizininformatiker liegen im Gesundheitswesen und in der medizintechnischen Industrie. Sie beinhalten in erster Linie die Entwicklung und Programmierung medizinischer Programme.

MEDIZINTECHNIK/BIOMEDIZINISCHE TECHNIK/ MEDIZINPHYSIK

Die fortwährenden und immer komplizierteren Entwicklungen in der medizinischen Technik bieten Medizinern mit naturwissenschaftlichen Interessen und Kenntnissen die Möglichkeit für Aufbaustudiengänge an verschiedenen Universitäten und Fachhochschulen. Hinterher kannst Du dann unter anderem an der Entwicklung neuer Gerätschaften, wie zum Beispiel Computertomographen, Herzschrittmachern oder Narkosegeräten mitarbeiten.

11.5
DARF ICH DEN PORSCHE GLEICH BESTELLEN ODER MUSS ICH NOCH WARTEN?

Wahrscheinlich hast Du auch schon die Klagen von Ärzten gehört, die über ihr mageres Gehalt jammern. Ich kann Dir schon vorab versichern: es ist Jammern auf hohem Niveau. Es ist noch kein Arzt verhungert. Jedenfalls nicht, weil er nicht genug Geld bekommen hätte.

Es hat allerdings in den letzten Jahren einige positive Entwicklungen gegeben. Noch bis 2006 hatten Ärzte keinen eigenen Tarifvertrag. Erst durch den Ärztestreik 2006 konnte die Ärzteschaft, vertreten durch den Marburger Bund (den Verband der angestellten und beamteten Ärztinnen und Ärzte Deutschlands e. V., (**www.marburger-bund.de**), einen arztspezifischen Tarifvertrag aushandeln.[28] Dieser wird alle paar Jahre neu verhandelt und angepasst.

Warum beschwert sich die Ärzteschaft dann also immer wieder über geringes Gehalt? Das in zwei Sätzen zu erklären, ist schwierig, weil es natürlich immer auf den Blickwinkel ankommt. Auch muss man unterscheiden zwischen niedergelassenen Ärzten und Krankenhausärzten. Niedergelassene Ärzte fallen nicht unter den Tarifvertrag für Ärzte, sie werden nach ihrem Dienst am Patienten bezahlt und ihr Einkommen richtet sich nach der Art und Anzahl der Patienten. Klinikärzte verdienen überall gleich (auch das stimmt nicht ganz, es gibt einen Unterschied zwischen Universitätskliniken und kommunalen Häusern, aber dieser Unterschied ist jetzt erst einmal zu

28 Quelle: de.wikipedia.org/wiki/Marburger_Bund (abgerufen 12. Dezember 2013)

vernachlässigen). Das Gehalt richtet sich nach Ausbildungsstand und kann in einer Tabelle nachgelesen werden. Aktuell sieht die Gehaltsstruktur für Ärzte an kommunalen Krankenhäusern so aus:[29]

Entgelttabelle VKA
Ab dem 1. Januar 2014 bis 30. November 2014

ab dem	ARZT	FACHARZT	OBERARZT	CA-VERTRETER
1. Jahr	4.023,08 €	5.309,81 €	6.650,88 €	7.823,56 €
2. Jahr	4.251,13 €			
3. Jahr	4.413,99 €			
4. Jahr	4.696,31 €	5.755,02 €	7.041,76 €	8.382,82 €
5. Jahr	5.032,94 €			
6. Jahr	5.171,38			
7. Jahr		6.145,94 €	7.601,00 €	
9. Jahr		6.373,97 €		
11. Jahr		6.596,55 €		
13. Jahr		6.819,15 €		

29 Quelle: Eigene Abbildung nach: www.marburger-bund.de/sites/default/files/artikel/downloads/2013/neuer-tarifabschluss-fuer-50.000-klinikaerzte/mitgliederinfo-zur-tarifeinigung-mit-vka-07-03-2013.pdf (abgerufen 12. Dezember 2013)

Was bedeutet das konkret? Das monatliche Grundgehalt eines Assistenzarztes an einem kommunalen Haus, der sich im dritten Jahr seiner Ausbildung befindet (dabei darf er auch das Fach gewechselt haben) beträgt 4.413,99 Euro brutto. Hinzu kommt noch das Gehalt für Bereitschaftsdienste (Haus- und zum Beispiel Notarztdienste). Was es dafür gibt, ist wieder von verschiedenen Faktoren abhängig.

Welche Bereitschaftsstufe hat die Fachabteilung? Hier wird unterschieden, wie arbeitsintensiv die Nächte sind. Je mehr Du während Deines Bereitschaftsdienstes im Schnitt arbeiten musst, desto mehr Stunden werden Dir als Arbeitszeit anerkannt (denn Du hast ja keinen Volldienst, sondern lediglich Bereitschaft. Der Arbeitgeber geht also davon aus, dass Du, je nach Bereitschaftsdienststufe, einen gewissen Prozentsatz Deiner Arbeitszeit schläfst und man sie Dir daher auch nicht vergüten muss.). Dabei spielt Deine tatsächliche Arbeitszeit in diesem Dienst allerdings keine Rolle. Zudem kommt es auch auf die Vereinbarungen in der Abteilung an, wie viele Stunden Deiner Bereitschaftszeit bezahlt und wie viele in Freizeit ausgeglichen werden.

Arbeitest Du wiederum in einer Abteilung mit Schichtdienst (oftmals auf Intensivstationen zu finden), so fehlt Dir am Monatsende oftmals ein ganzer Batzen Geld, weil es hier lediglich eine kleine Schichtdienstzulage gibt und Dir das Geld aus den Bereitschaftsdiensten (die bis zu 24 Stunden umfassen) fehlt. Das Zusatzentgelt aus Bereitschaftsdiensten macht schnell gut ein Viertel Deines Nettoverdienstes aus. Das bedeutet allerdings auch, dass es quasi nicht möglich ist, vorauszusagen, was Du im nächsten Monat auf Dein Konto überwiesen bekommst (sicherlich auch wieder ein Luxusproblem). Die Dienste werden oft erst mit zwei

Monaten Verzögerung vergütet. Hinzu kommen dann unüberschaubare Zusatzzahlungen, Nachverrechnungen oder ominöse Abzüge, außerdem ist es natürlich immer davon abhängig, wie viele Dienste Du letztendlich gemacht hast.

Verhungern wirst Du bei Deinem Gehalt also nicht. Aber wenn es Dein Ziel ist, mit dreißig Jahren Deine erste Million gemacht zu haben, so bist Du im Arztberuf sicherlich falsch. Gemessen an der Arbeit, die Du als Arzt leistest, und der Verantwortung, die Du trägst, ist Dein Gehalt alles andere als fürstlich. Dies ist auch immer wieder einer der Hauptkritikpunkte der Ärzteschaft. Wenn Du nachts um drei jemandem das Leben rettest, so bekommst Du für diese Stunde Arbeitszeit weniger Geld als der Handwerker, der um die gleiche Uhrzeit eine ausgefallene Heizung repariert.

Wenn Du in einer Gegend arbeitest, in dem Ärzte schwer zu finden sind (also außerhalb der Ballungsgebiete), so kannst Du vielleicht »außertariflich« verhandeln und gegebenenfalls ein wenig mehr Geld herausschlagen. Wenn Du sehr auf das Finanzielle bedacht bist, so solltest Du auch genau nach dem Dienstmodell Deiner Wunschklinik fragen. Eine Abteilung, die nur ein Schichtdienstmodell anbietet, bietet Dir vor allem sehr starre Arbeitszeiten und nicht viel Geld. Bereitschaftsdienste fühlen sich, so meine rein subjektive Meinung, da ich beides kenne, besser an. Man hat den Tag nach einem 24-Stunden-Dienst frei (und vielleicht Glück, dass in der Nacht nichts los war und man schlafen konnte) und hat dabei noch extra Geld verdient oder sein Stundenkonto aufgefüllt. Rein rechnerisch hast Du dann allerdings mehr Stunden in der Klinik verbracht.

Beispiel: Du arbeitest vierzig Wochenstunden in einem kommunalen Haus. Montag bis Donnerstag arbeitest Du je acht Stunden, am Freitag hast Du Bereitschaftsdienst. Bis zu diesem Zeitpunkt hast Du also schon vierzig Stunden gearbeitet (Dein Dienst beginnt am Freitag ja erst nach Deiner regulären Arbeitszeit). Du beginnst also nach Deinem regulären Dienst Deine Bereitschaftszeit. Vielleicht hast Du Glück und Du arbeitest nur noch bis 21 Uhr und kannst dann schlafen gehen, vielleicht rödelst Du aber auch bis Samstagmorgen um acht Uhr durch. In jedem Fall bist Du zusätzlich zu Deinen vierzig Wochenstunden nochmals 16 Stunden in der Klinik, hast also in dieser Woche 56 Stunden gearbeitet. Natürlich wird das nicht so gezählt, denn Bereitschaftszeit wird ja (je nach Bereitschaftsdienststufe der Abteilung) nur zu einem gewissen Prozentsatz überhaupt als Arbeitszeit anerkannt. Einen Teil dieser anerkannten Bereitschaftsstunden bekommst Du ausgezahlt, ein Teil geht auf Dein Überstundenkonto (je nachdem, wie das in Deiner Abteilung geregelt ist). Hast Du unter der Woche Dienst, also beispielsweise an einem Montag, so gehst Du am Dienstagmorgen (hoffentlich) nach Hause. Einen Teil der Überstunden, die Du in der Nacht angesammelt hast, nimmst Du also sofort am darauffolgenden Tag als Freizeitausgleich. Denn länger als 24 Stunden in der Klinik zu sein geht zum Glück nicht – jedenfalls nicht auf legalem Wege.

In einem Schichtdienstmodell, wie es oft auf Intensivstationen praktiziert wird (hier ist es auch sinnvoll), hast Du keine Bereitschaftszeiten, Du hast immer Volldienst. Hast Du also Nachtdienst, dann ist eigentlich nicht vorgesehen, dass Du schläfst, sondern Du sollst arbeiten. Je nach Arbeitsmodell gibt es feste Rotationspläne – oder aber die Einteilung erfolgt relativ wahllos je nach Anzahl der Wochenstunden. Denkbar wäre, dass Du in einer Woche Montag bis Sonntag Frühdienst hast, wobei Du unter der Woche acht Stunden und am Wochenende zehn Stunden arbeitest. Dann hast Du in dieser Woche sechzig Stunden gearbeitet. In der darauffolgenden Woche hast Du Montag und Dienstag frei und arbeitest dann Mittwoch bis Freitag acht Stunden im Spätdienst. Das Wochenende hast Du wieder frei. In dieser Woche hast Du dann nur 24 Stunden gearbeitet. Am Ende des Monats kommst Du so aber im Schnitt auf Deine vierzig Wochenstunden und nur die bekommst Du auch bezahlt (plus geringer Zuschläge für Nachtarbeit und Wochenenden). Bei dem oben genannten Bereitschaftsdienstmodell, in dem Du ja auch 56 Stunden in der Klinik präsent warst, arbeitest Du allerdings in der nächsten Woche regulär wieder Deine vierzig Stunden (plus eventueller Dienste).

Anhand dieses Beispiels verstehst Du wahrscheinlich ganz gut, warum Bereitschaftsdienste sozialverträglicher sind – und warum sie auch noch besser bezahlt werden. Den Teil mit der Sozialverträglichkeit verstehst Du spätestens, wenn Du mal im Schichtdienst bist und eine Nachtdienstwoche schiebst …

11.6
NICHTS ALS DIE WAHRHEIT

Wahrscheinlich ist es sinnvoll, sich vor dem Studium zu überlegen, ob man überhaupt Lust hat, später wirklich als Arzt zu arbeiten. Natürlich ist das schwierig einzuschätzen. Woher sollst Du denn jetzt wissen, wie die Arbeit als Arzt so ist? Du kannst einschlägige Arztserien schauen: Scrubs kommt der Wahrheit manchmal näher, als einem lieb ist, und Emergency Room ist inhaltlich zumindest richtig, aber ein wirkliches Gefühl dafür, wie das Leben im Krankenhaus aussieht, werden Dir diese Serien nicht vermitteln können. Ein Praktikum vor dem Studium kann da Abhilfe schaffen, aber auch das wird Dir wahrscheinlich keine allumfassende Antwort liefern können, zumal Du als Praktikant eher wenig Chancen haben dürftest, die Ärzte bei ihrem täglichen Tun zu begleiten.

Am Anfang dieses Buches habe ich ja schon ein paar Dinge aufgelistet, die man unbedingt mitbringen sollte, wenn man sich für den Arztberuf entscheidet. Diese scheinen Dich ja bislang nicht abgeschreckt zu haben, daher hast Du sicher schon einige der wichtigsten Voraussetzungen erfüllt. Und bedenke: Jeder Job wird irgendwann zur Routine – auch der des Herzchirurgen.

WAS SIND DENN NUN DIE GUTEN SEITEN DES ARZTBERUFS ?

Der Job ist erstmal relativ sicher. Zumindest im Moment wirst Du immer eine Stelle finden. Auch bist Du vor Seiteneinsteigern geschützt, denn nur wer Medizin studiert hat, kann am Ende auch Arzt werden. Dann verdienst Du nicht so furchtbar schlecht und Du hast immer Möglichkeiten, Dir hier und da noch etwas dazuzuverdienen. Außerdem macht es (manchmal) auch Spaß, Menschen zu behandeln und ihnen zu helfen. Mindestens genauso oft macht es allerdings auch keinen Spaß, das gilt es auch zu bedenken, vor allem zu fortgeschrittener Stunde nimmt der Fun-Faktor deutlich ab. Trotzdem ist der Beruf sehr vielseitig und Du machst nie nur das Gleiche, auch wenn Du vieles irgendwann schon oft gemacht hast.

Die negativen Seiten des Berufs sind leider auch eine Erwähnung wert. Du musst viel und lange arbeiten, vor allem nachts und an Wochenenden oder kurz gesagt dann, wenn Deine Freunde nicht arbeiten müssen. Beruf und Familie zu vereinbaren ist sehr schwer, was auch an den Arbeitszeiten liegt, die oft nicht verhandelbar sind. Die Hierarchien im Krankenhaus sind streng und das Arbeitsklima ist oft rau. Je größer das Haus ist, in dem Du arbeitest, desto weniger sensibel solltest Du sein, was den Ton angeht, der dort herrscht. Du musst in diesem System in kürzester Zeit funktionieren, sonst stellst Du eine inakzeptable Belastung für Deine Abteilung dar, die mit Sicherheit sowieso schon unter großem personellen Druck steht. Das heißt jetzt nicht, dass man sich an seiner Arbeitsstelle nicht wohlfühlen kann – aber Du als Mitarbeiter kommst nicht an erster Stelle. Da stehen im besten Falle die optimale Behandlung der Patienten und (möglichst weit dahinter) die Profitoptimierung der Klinik. Beides erzeugt einen gewissen Druck, der überall zu spüren ist. Und letzten Endes kannst Du auch Sonntagnacht um halb zwei nicht zu Herrn Schneider sagen: »Herr Schneider, es tut mir wahnsinnig leid, dass Sie jetzt einen Herzinfarkt erlitten haben und dringend einen Herzkatheter bräuchten, aber ich bin müde und habe einfach keine Lust mehr. Kommen Sie doch morgen wieder.« Die meisten Deiner Tätigkeiten sind nicht aufschiebbar. Ich stand schon oft nachts im OP, den ich seit 18 Stunden nicht mehr verlassen hatte und freute mich, dass ich jetzt endlich ins Bett konnte – und dann kam der Anruf, dass gerade ein Patient mit einer Hirnblutung oder etwas ähnlich Dramatischem ins Haus gekommen sei, der jetzt leider sofort noch in den OP müsse. Da hilft dann kein Jammern und keine Müdigkeit, dieser Patient muss dann versorgt werden, auch wenn die Nacht damit komplett gelaufen ist. Das ist der Moment, in dem Du Dir denkst, hätte ich doch was Vernünftiges gelernt, dann wäre ich jetzt nicht hier.

Diese Momente sind leider häufiger als die, in denen ein Patient zu Dir kommt und sich bei Dir bedankt, dass Du ihn so gut behandelt hast. Obwohl diese Momente, wenn sie kommen, alles überstrahlen und Dich wieder daran erinnern, warum Du eigentlich Medizin studiert hast.

12
DAS FAZIT

Jetzt hast Du das ganze Buch durchgelesen und kommst nun zum Fazit. Idealerweise hast Du Dir schon selbst eine Meinung gebildet und weißt jetzt, ob das Medizinstudium etwas für Dich ist. Vielleicht bist Du in Deiner Meinung bestärkt worden, vielleicht hast Du Dir nach drei Seiten aber schon gedacht, dass Du das jetzt mal lieber lässt.

Ich freue, wenn ich Dich mit diesem Studienratgeber für das Medizinstudium begeistern konnte. Vielleicht konntest Du Dich auch von einigen Vorurteilen verabschieden wie dem, dass das Medizinstudium unglaublich schwer ist und Du deshalb wahnsinnig intelligent sein musst, um darin zu bestehen. Andere Vorurteile wurden vielleicht bestätigt, wie das, dass man als Mediziner unglaublich viel arbeiten muss.

Du weißt jetzt außerdem, welche Voraussetzungen Du erfüllen musst, um Medizin zu studieren. Du weißt, was Du machen kannst, wenn es nicht gleich klappt mit dem Studienplatz. Du hast gelesen, wie Du am besten einen Teil Deines Studiums im Ausland verbringst und wie Du Dich für die Prüfungen wappnest. Du hast schon einen ersten Eindruck davon gewonnen, welche Fächer Dir im Studium begegnen werden und nicht zuletzt auch, welche Menschen Dich möglicherweise die nächsten sechs Jahre begleiten.

Du hast gelesen, was Du bei der Wohnungssuche beachten solltest und wie Du das Finanzielle regeln kannst. Wahrscheinlich werden sich während Deines Studiums auch Fragen auftun, die hier nicht beantwortet wurden, denn leider kann man nicht alles vorher planen und wissen.

Medizin ist ein schönes Fach. Das Studium macht Spaß, die Arbeit macht Spaß und die wenigsten Mediziner, die ich kenne, bereuen ihre Berufswahl je ernsthaft. Ich wünsche Dir daher ein gutes Gelingen bei der Wahl Deines Studienfaches und nicht zuletzt auch ganz viel Spaß beim Studieren!

13 WEITERFÜHRENDE INFORMATIONEN

LISTE DER UNIVERSITÄTEN IN DEUTSCHLAND, AN DENEN MAN MEDIZIN STUDIEREN KANN (STAND DEZEMBER 2013):

Rheinisch-Westfälische Technische Hochschule (Aachen)

Charité – Universitätsmedizin Berlin

Ruhr-Universität Bochum

Rheinische Friedrich-Wilhelms-Universität Bonn

Technische Universität Dresden

Heinrich-Heine-Universität Düsseldorf

Friedrich-Alexander-Universität Erlangen-Nürnberg

Universität Duisburg-Essen

Johann-Wolfgang-Goethe-Universität Frankfurt am Main

Albert-Ludwigs-Universität Freiburg

Justus-Liebig-Universität Gießen

Georg-August-Universität Göttingen

Ernst-Moritz-Arndt-Universität Greifswald

Martin-Luther-Universität Halle-Wittenberg

Universität Hamburg

Medizinische Hochschule Hannover

Ruprecht-Karls-Universität Heidelberg

Universität des Saarlandes (Homburg)
Friedrich-Schiller-Universität Jena
Christian-Albrechts-Universität zu Kiel
Universität zu Köln
Universität Leipzig
Universität zu Lübeck
Otto-von-Guericke-Universität Magdeburg
Johannes Gutenberg-Universität Mainz
Medizinische Fakultät der Universität Heidelberg
Philipps-Universität Marburg
Technische Universität München
Ludwig-Maximilians-Universität München
Westfälische Wilhelms-Universität Münster
Carl von Ossietzky Universität Oldenburg
Universität Regensburg
Universität Rostock
Eberhard Karls Universität Tübingen
Universität Ulm
Universität Witten/Herdecke
Julius-Maximilians-Universität Würzburg

STIFTUNGEN, DIE STIPENDIEN FÜR STUDENTEN VERGEBEN:

Parteinahe Stiftungen

Konrad-Adenauer-Stiftung (CDU nah)
Rathausallee 12, 53757 St. Augustin
Tel: 02241/246 -2423, Fax: 02241/246 - 2573
www.kas.de

Heinrich-Böll-Stiftung (Bündnis '90/DIE GRÜNEN nah)
Rosenthaler Str. 40/41, 10178 Berlin
Tel: 030/285 34 - 400, Fax: 030/285 34 - 409
www.boell.de

Friedrich-Ebert-Stiftung (SPD nah)
Godesberger Allee 149, 53170 Bonn
Tel: 0228/883 - 0, Fax: 0228/883 - 9225
www.fes.de

Bundesstiftung Rosa Luxemburg (Die Linke nah)
Franz-Mehring Platz 1, 10243 Berlin
Tel: 030/44 310 223
www.rosalux.de

Friedrich-Naumann-Stiftung (FDP nah)
Karl-Marx-Str. 2,14482 Potsdam
Tel: 0331/7019 - 349, Tel: 0331/7019 - 222
www.freiheit.org

Hanns-Seidel-Stiftung (CSU nah)
Lazarettstr. 33, 80636 München
Tel: 089/12 58 - 330 (Studierende an Unis) oder 12 58 - 302
(Studierende an FHs), Fax: 089/12 58 - 40
www.hss.de/stipendium.html

Konfessionelle Träger

Evangelisch:
Evangelisches Studienwerk e.V. Villigst
Iserlohner Str. 25, 58239 Schwerte
Tel: 02304/75 51 96, Fax: 02304/75 52 50
www.evstudienwerk.de

Katholisch:
Cusanuswerk
Baumschulallee 5, 53115 Bonn
Tel: 0228/983 84 - 27, Fax: 0228/983 84 - 99
www.cusanuswerk.de

Jüdisch:
Ernst Ludwig Ehrlich Studienwerk
Postfach 120852, 10598 Berlin
Tel: 030/318 0 591 - 20, Fax: 030/318 0 591 - 10
www.eles-studienwerk.de

Weitere Förderwerke

Hans-Böckler-Stiftung
Hans-Böckler-Straße 39, 40476 Düsseldorf
Tel: 0211/77 78 - 0, Fax: 0211/77 78 - 120
www.boeckler.de

Stiftung der Deutschen Wirtschaft (sdw)
im Haus der Deutschen Wirtschaft, Breite Str. 29, 10178 Berlin
www.sdw.org
Kontakt Studienförderwerk Klaus Murmann:
Tel: 030/20 33 - 15 40, Fax: 030/20 33 - 15 55
studienfoerderwerk@sdw.org

Studienstiftung des deutschen Volkes
Ahrstraße 41, 53175 Bonn
Tel: 0228/820 96 - 0, Fax: 0228/820 96 - 103
www.studienstiftung.de

Onlineangebote für die Suche nach einem WG-Zimmer:

www.wg-gesucht.de
www.noknok24.de
www.studenten-wg.de
www.immobilienscout24.de
www.easywg.de
www.wohngemeinschaft.de
www.wgfinden.de
www.wg-cast.de
www.meinestadt.de/deutschland/immobilien/wg-zimmer
www.dreamflat.de
www.wohnungsboerse.net

14
LITERATUR- UND QUELLENVERZEICHNIS

LITERATURQUELLEN

Approbationsordnung für Ärzte, Fassung vom 27. Juni 2002 (Bundesgesetzblatt I S. 2405), geändert durch Artikel 3 des Gesetzes vom 22. Mai 2013 (BGBl. I S. 1348)

Österreichisches Universitätsgesetz, Fassung vom 9.August 2002, Bundesgesetzblatt für die Republik Österreich I Nr. 120, Wien, 2002.

Schmitt-Sausen, Nora: **Medizinstudium in den USA: Bis zum Hals verschuldet.** Deutsches Ärzteblatt Studieren.de 2, 2012, S. 10.

INTERNETQUELLEN (STAND 12. DEZEMBER 2013)

www.bafoeg-rechner.de/Hintergrund/art-1104-mogelpackung.php

www.blaek.de/weiterbildung/wbo_2004/download/WBO/C/notfall.pdf

www.charite.de/fileadmin/user_upload/portal/studium/Prodekanat_fuer_Studium_und_Lehre/StudienordnungModellstudiengangMedizin.pdf

www.deutsche-eliteakademie.de/load.php?name=News&file=article&sid=234

www.dgou.de/pdf/tt_20110524_medizinbericht_gesamt.pdf
ec.europa.eu/education/lifelong-learning-programme/erasmus_de.htm

www.hochschulstart.de/fileadmin/downloads/NC/WiSe2012_13/BEW_Medizin_WS_2012 _13.pdf

www.internationale-studierende.de/my_tutor/wohnheimtutorenprogramm/

www.klinikum.uni-muenchen.de/Medizinische-Klinik-und-Poliklinik-II/de/lehre/blockpraktikum/index.html

www.marburger-bund.de/sites/default/files/artikel/downloads/2013/neuer-tarifabschluss-fuer-50.000-klinikaerzte/mitgliederinfo-zur-tarifeinigung-mit-vka-07-03-2013.pdf

www.medi-learn.de/humanmedizin/medizinstudium-klinik/artikel/Die-medizinische-Doktorarbeit-Seite1.php

medizingeschichte.charite.de/fileadmin/user_upload/microsites/m_cc01/medizingeschichte/kopfbilder/Terminologie-Skript-inkl-Uebungen-Aufl10.pdf

www.medizinstudieren.at

news.doccheck.com/de/2584/medizinjournalismus-vielfalt-pur/

www.aerztekammer-berlin.de/10arzt/65_Jobs_Studium_Ausland/60_Alternativen/index.html

www.pmu.ac.at/studium/humanmedizin/studium-in-nuernberg.html

www.thieme.de/viamedici/arzt-im-beruf-alternative-berufsfelder-1562/a/chancen-rund-um-den-arztberuf-4490.htm

www.umwelt-online.de/PDFBR/2012/0674_2D12.pdf

de.wikipedia.org/wiki/Fachschaft

de.wikipedia.org/wiki/Marburger_Bund

Wenn Medizin doch nichts für Dich ist, dann hat
Eden Books auch noch andere Ideen für Deine Zukunft!

BWL gilt als Mittel zum Zweck: Kaum jemanden interessiert das Fach wirklich, aber jeder freut sich auf hohe Gehälter. Warum BWL das beliebteste Studienfach Deutschlands ist und wie man seine Wahl am Ende nicht bereut, erklärt Benjamin Tillmann.

Benjamin Tillmann
UND IN FÜNF JAHREN MACH ICH RICHTIG KOHLE
Was man wissen muss, bevor man BWL studiert

256 Seiten | Taschenbuch | 12,5 × 19 cm
9,95 € (D) / 10,30 € (A)

ISBN: 978-3-944296-06-7

Weitere Studienratgeber von Eden Books

Lesen eigentlich alle Germanisten drei dicke Schinken pro Woche und geraten auf Lebenszeit beim Thema Kommasetzung in Verzückung? Inga Lüders räumt mit allen gängigen Klischees auf und liefert eine ehrliche Orientierungshilfe für die Studienwahl.

Inga Lüders
UND IN FÜNF JAHREN SCHREIB ICH BUCHKRITIKEN
Was man wissen muss, bevor man Germanistik studiert

192 Seiten | Taschenbuch | 12,5 × 19 cm
9,95 € (D) / 10,30 € (A)
ISBN: 978-3-944296-07-4

Weitere Studienratgeber von Eden Books

Politikwissenschaftler analysieren die *Tagesschau* oder werden Politiker. Falsch. Dieses Buch klärt über Inhalte und Ziele des Studiums der Politikwissenschaften auf. Außerdem gibt es Studieninteressierten wertvolle Ratschläge zu Berufsaussichten und für das Studentenleben mit auf den Weg.

Pierrot Raschdorff
STUDIENFÜHRER POLITIK
Und in fünf Jahren bin ich Bundeskanzler
Was man wissen muss, bevor man Politikwissenschaft studiert

208 Seiten | Taschenbuch | 12,5 × 19 cm
9,95 € (D) / 10,30 € (A)

ISBN: 978-3-944296-47-0

Impressum

Saskia Christ
Studienführer Medizin
Und in fünf Jahren rette ich Menschenleben.
Was man wissen muß, bevor man Medizin studiert

ISBN 978-3-944296-35-7

Eden Books
Ein Verlag der Edel Germany GmbH

www.edenbooks.de | www.facebook.com/EdenBooksBerlin
www.edel.com
1. Auflage 2014

Projektkoordination: Nina Schumacher
Lektorat: Susanne Röltgen
Umschlaggestaltung, Layout, Herstellung und Satz:
Bon Bon Büro, Graf & Stratmann GbR, Berlin |
www.bonbonbuero.de

Druck und Bindung: optimal media GmbH,
Glienholzweg 7, 17207 Röbel/Müritz

Printed in Germany

Dieses Buch ist auch als E-Book erhältlich.